Theo Blümer, Robert Gräve, Matthias Opitz

Rechne mit Zalo Zifferli: Band 2

Strukturelemente der Grundzahlen:

- mehr – weniger – gleich viele
- Invarianz
- Klassifikation

W0274989

Persen Verlag GmbH

Ein Konzept für Schüler mit erhöhtem Förderbedarf im Lernbereich Mathematik

in
- Förderschulen mit dem Schwerpunkt geistige Entwicklung
- Förderschulen mit dem Schwerpunkt körperliche und motorische Entwicklung
- Eingangsklassen der Förderschulen mit dem Schwerpunkt Lernen, Sprache sowie emotionale und soziale Entwicklung
- Vorklassen und Schulkindergärten
- Grundschulen als Stützkurs für lernschwache Schulanfänger
- Regelschulen im Rahmen der integrativen Beschulung Behinderter (gemeinsamer Unterricht)

Autoren: Theo Blümer, Robert Gräve, Matthias Opitz
Wissenschaftliche Beratung: Prof. Dr. Reinhard Kutzer †
Grafik: Sylvia Messy

Für zeitweise Mitarbeit und vielfältige Unterstützung danken wir allen Helfern, die uns mit Rat und Tat zur Seite gestanden haben, insbesondere den zahlreichen Schülern, die an der praktischen Erprobung dieses Unterrichtswerks beteiligt waren.

Anmerkung: Nur aus Gründen der besseren Lesbarkeit wurde im nachstehenden Text bei Personen oder Personenpruppen in der Regel nur die maskuline Form verwendet („Schüler“ statt „Schülerinnen und Schüler“), gemeint sind damit selbstverständlich stets maskuline und feminine Personen und Personengruppen.

Gedruckt auf umweltbewusst gefertigtem, chlorfrei gebleichtem und alterungsbeständigem Papier.

2. Auflage 2009
Nach den seit 2006 amtlich gültigen Regelungen der Rechtschreibung

Illustration: Sylvia Messy
Satz: MouseDesign Medien AG, Zeven

ISBN 978-3-8344-**3792**-1

www.persen.de

Vorwort (der alten Auflage)

Elementare mathematische Förderung in der Förderschule mit dem Schwerpunkt geistige Entwicklung, in Vorklassen oder in Kindergärten – ja oder nein? Diese Frage wird auch heute noch sehr kontrovers diskutiert. Die Ursachen für die bestehenden Meinungsunterschiede sind sehr vielschichtig. Sie reichen von den unterschiedlichen Schüler- bzw. Kinderbildern, welche die Befürworter und Gegner einer solchen Förderung haben, über die unterschiedliche Einschätzung der Bedeutung elementarer mathematischer Förderung bis hin zu den unterschiedlichen Erfahrungen bei entsprechenden Förderversuchen. Unsere Untersuchungen haben gezeigt, dass – vorausgesetzt es wird kind-, sach- und lernstrukturgemäß unterrichtet – sehr wohl eine Förderung bei den genannten Kindergruppen sinnvoll und möglich ist. Es ist erwiesen, dass eine solche Förderung nicht nur den Umgang mit Zahlen vorbereitet und erschließt, sondern zugleich auch eine Erweiterung der allgemeinen kognitiven Kompetenz bewirkt. So stellt z. B. die Vermittlung der Erkenntnis, dass die Veränderung der Anordnung der Elemente einer Menge keine Veränderung der Anzahl bewirkt, zum einen eine unabdingbare Voraussetzung für einen verstehenden Umgang mit den Kardinalzahlen dar, zum anderen ist diese für invariantes Verhalten erforderliche Übung gedanklichen Handelns eine wesentliche Grundlage einer allgemeinen Förderung.

In Kenntnis dieser Zusammenhänge wurden an der Universität Marburg in 25-jähriger Forschungsarbeit Bedingungen und Verlauf elementarer mathematischer Lernprozesse untersucht. Das Ergebnis dieser Untersuchung ist, dass einerseits z.B. die Stationen der Zahlbegriffentwicklung genauer beschrieben und andererseits mit der Erkenntnis der Mehrdimensionalität von Lernprozessen auch die Struktur des Lernens allgemein besser erfasst werden kann. Diese Erkenntnisse bilden die Grundlage des vorliegenden Beitrags. Die Autoren haben versucht, sie in ihrer praktischen Relevanz darzustellen und – durch ihre breiten Erfahrungen in der Unterrichtspraxis gestützt – methodisch aufzubereiten. Dies ist m.E. hervorragend gelungen, wenngleich auch die Autoren den Beitrag nicht als Ende, sondern als den Anfang ihrer Bemühungen ansehen.

Ich möchte mich jedenfalls sehr herzlich für das jahrelange Engagement der Autoren mit dem Ziel der Verbesserung der Lernsituation gerade benachteiligter Kinder und für die außergewöhnlich gute und freundschaftliche Zusammenarbeit bedanken.

Ich bin sicher, dass das Werk für alle die Lehrerinnen und Lehrer eine Hilfe bei ihrer schweren Arbeit darstellt, die in Kindergärten, Vorklassen, Förderschulen und Grundschulen den Umgang mit Zahlen vermitteln wollen oder dabei beratend Hilfe leisten.

Prof. Dr. Reinhard Kutzer, Marburg 1998

Vorwort zur aktuellen Auflage

Nun sind fast zehn Jahre ins Land gegangen, seitdem das kleine Würfelmännchen Zalo Zifferli das Licht der Welt erblickte (damals noch im Auer Verlag). Das Unterrichtswerk für Schüler mit erhöhtem Förderbedarf im Lernbereich Mathematik hat in dieser Zeit weite Verbreitung gefunden. Die vielen Rückmeldungen, die das Autorenteam im Laufe der Zeit von Lehrkräften – vor allem von Pädagogen an Förderschulen mit dem Förderschwerpunkt geistige Entwicklung – erhalten haben, bestätigen immer wieder die Praxistauglichkeit dieses Konzepts. Der Ansatz eines struktur- und niveauorientierten Mathematikunterrichts von Prof. Dr. Reinhard Kutzer (†) hat damit auch in den Förderschulen seine Bewährungsprobe bestanden.

Die vorliegende Neuauflage im Persen Verlag in der Reihe Bergedorfer Förderschulpraxis hält am bewährten Konzept fest. Neben einer neuen Gestaltung finden sich Veränderungen vor allem in der Rubrik ‚Beispiele für den Unterricht'. Zahlreiche Ideen und Änderungsvorschläge stammen von Lehrkräften, die das Konzept in der Praxis erprobt haben. Wir bedanken uns herzlich für diese Anregungen.

Neu ist auch die CD-ROM, die diesem Unterrichtswerk beiliegt. Darauf finden sich alle im Buch aufgeführten Spiele mit einer ausführlichen Spielbeschreibung, möglichen Varianten und dem benötigten Spielmaterial. Für den schnellen und problemlosen Unterrichtseinsatz können mithilfe der CD-ROM die Spielkarten, Spielpläne und ähnliches direkt farbig und in Originalgröße ausgedruckt werden. Auch die Arbeitsblätter aus dem Buch finden sich auf der CD-ROM. Sie können für die Bedürfnisse einzelner Schülerinnen und Schüler individuell verändert und ebenfalls farbig ausgedruckt werden.

Das Autorenteam hofft, allen Kolleginnen und Kollegen – vor allem auch denjenigen, die im Lernbereich Mathematik fachfremd unterrichten müssen – mit dieser Neuauflage wieder eine Arbeitshilfe an die Hand zu geben, die es ihnen ermöglicht, mit angemessenem Vorbereitungsaufwand fachlich stimmigen, differenzierten und schülerangemessenen Förderunterricht im Lernbereich Mathematik zu realisieren.

Theo Blümer, Robert Gräve, Matthias Opitz

Für wen wurde dieses Unterrichtswerk erarbeitet?

Vor Ihnen liegt der zweite Band eines dreiteiligen Unterrichtswerks für den Mathematikunterricht bei Schülern mit erhöhtem Förderbedarf. Anlass für die Erarbeitung dieses Unterrichtswerks war die Erfahrung, dass man kaum konkrete Hilfestellungen für die Unterrichtsplanung im Lernbereich Mathematik findet, wenn man mit lernschwachen Schülern arbeitet.

Notwendig erscheint uns eine Konzeption, die ausgehend von der individuellen Lernausgangslage des Schülers mit einer Behinderung in kleinsten Schritten systematisch in die primären Lernfelder der Mathematik einführt.

Für die Förderschule mit dem Schwerpunkt Lernen hat Prof. Reinhard Kutzer eine solche Konzeption erarbeitet. Das Unterrichtswerk „Mathematik entdecken und verstehen" *(R. Kutzer, Band 1 ff, Braunschweig 2001)*, das in 8 Bänden einschließlich der entsprechenden Lehrerhandbücher *(R. Kutzer, Lehrerband 1 ff, Braunschweig 2001)* vorliegt, verfolgt konsequent einen struktur- und niveauorientierten Ansatz.

Diese Konzeption hat inzwischen nicht nur in den Förderschulen mit dem Schwerpunkt Lernen weite Verbreitung gefunden, sondern auch dem Mathematikunterricht der Grundschule neue Anregungen gegeben. Voraussetzung für strukturorientiertes Lernen ist die sorgfältige Analyse der Strukturelemente eines zu erarbeitenden Lernziels, ihre Darstellung (z.B. in Form eines Lernstrukturgitters) und Einordnung in einen größeren Zusammenhang (Lernvoraussetzungen für dieses Ziel, nachfolgende Lernziele). Dann wird sehr genau die Lernausgangslage des Schülers ermittelt und so sein Standort im Lernstrukturgitter festgestellt. Damit sind gleichzeitig die nächsten Schritte, die der Schüler auf seinem individuellen Lernweg gehen kann, aufgezeigt. Entweder ist der nächste Schritt eine Steigerung des Niveaus (z.B. von konkreten Handlungen zu Denkoperationen) oder eine Steigerung der Komplexität (z.B. von einfachen Sachstrukturen und Inhalten zu schwierigeren). Zur näheren Erläuterung dieser Konzeption sei verwiesen auf den Lehrerband 1 des o.g. Unterrichtswerkes, wo im 3. Kapitel die Theorie des struktur- und niveauorientierten Lernens ausführlich dargestellt wird. (Kutzer, 2001, 12ff)

Bei Schülern, die in ihrer Entwicklung sehr stark verzögert oder z.B. durch eine geistige Behinderung beeinträchtigt sind, kann das Unterrichtswerk von Prof. Kutzer in der vorliegenden Form keine Anwendung finden, da es auf einem Niveau einsetzt, das in der Regel oberhalb der Lernausgangslage dieser Schüler liegt. Hier muss auf wesentlich niedrigerem Niveau mit der Erarbeitung des pränummerischen Bereichs begonnen werden.

Die Autoren haben den Versuch unternommen, unter konsequenter Berücksichtigung des struktur- und niveauorientierten Ansatzes von Prof. Kutzer ein Unterrichtswerk zu erstellen, das – ausgehend von Elementarerfahrungen – systematisch in die primären Lernfelder der Mathematik einführt. Der gesamte Bereich wurde unter Berücksichtigung des struktur- und niveauorientierten Ansatzes aufgearbeitet, beginnend bei der Auseinandersetzung mit Gegenständen und ihren Eigenschaften (Form, Größe, Farbe), über Mengenoperationen im vorzahligen Bereich, Einführung der Zahlen, bis hin zu einfachen Rechenoperationen im Zahlenraum bis 6. Für die wichtigsten Bereiche wurden Lernstrukturgitter erstellt und zahlreiche detaillierte Vorschläge zur methodisch-didaktischen Umsetzung gemacht. Durch mehrjährige Erprobung in der Schule (insbesondere in der Förderschule mit dem Schwerpunkt geistige Entwicklung) wurde die Praxisrelevanz überprüft. Nach erneuter Überarbeitung liegt nun ein dreibändiges Unterrichtswerk – jeweils bestehend aus didaktisch-methodischen Überlegungen mit konkreten Vorschlägen für den Unterricht und Beispielarbeitsblättern für die Hand der Schüler – vor, mit dessen Hilfe es nach kurzer Einarbeitungszeit möglich ist, einen konzeptionell stimmigen, individuell auf eine Lerngruppe ausgerichteten, systematisch aufgebauten Mathematikunterricht durchzuführen.

Bezogen auf die Förderschule mit dem Schwerpunkt geistige Entwicklung trägt das vorliegende Unterrichtswerk der in der Praxis häufig erhobenen Forderung Rechnung, den Mathematikunterricht doppelgleisig aufzubauen: Es sollen einerseits lebenspraktische Inhalte vermittelt werden und andererseits soll eine systematische Einführung in die primären Felder der Mathematik erfolgen. Dieses Unterrichtswerk schließt nun die Lücke im Angebot mathematischer Arbeitshilfen für diesen Schultyp, indem es die bereits auf dem Markt befindlichen Handreichungen zu speziellen mathematisch-lebenspraktischen Themen (zeitliche Orientierung mit Uhr und Kalender, Umgang mit Geld, Umgang mit Längenmaßen, Umgang mit Gewichten etc.) um eine systematische Einführung in grundlegende mathematische Lernfelder ergänzt.

Da mit dieser Konzeption systematisch in die primären Lernfelder der Mathematik eingeführt wird, eignet sie sich für den Einsatz in Vorklassen und Kindergärten, in Eingangsklassen der Förderschule, in Förderschulen mit dem Schwerpunkt Lernen, Sprache, emotionale und soziale sowie körperliche und motorische Entwicklung, als Stützkurs für lernschwache Schulanfänger in Grundschulen und im Rahmen der integrativen Beschulung von Schülern mit einer Behinderung in Regelschulen (gemeinsamer Unterricht).

Dieser zweite Band trägt den Untertitel STRUKTURELEMENTE DER GRUNDZAHLEN. Er führt systematisch in den vorzahligen Umgang mit Mengen ein. Durch 1-zu-1-Zuordnung werden Mengen miteinander verglichen. Schrittweise wird dann die Erkenntnis der strukurellen Freiheit und der qualitativen Freiheit einer Menge vermittelt, um die Schüler so zur Invarianz zu führen. Schließlich werden Mengen, die die gleiche Anzahl von Elementen haben, zu Klassen zusammengefasst. Die hier vermittelten Erfahrungen und Erkenntnisse bilden die Grundlage, um mit der Einführung der Zahlen (siehe Band 3) beginnen zu können.

Welche Fähigkeiten müssen Schüler mitbringen, damit sie nach dem Konzept dieses Unterrichtswerks gefördert werden können?

Es wird vorausgesetzt, dass die Schüler

- über einen weitgehend intakten Sehsinn verfügen, der es ihnen ermöglicht, Objekte im körpernahen Bereich zu erkennen und zu unterscheiden.
- über einen weitgehend intakten Hörsinn verfügen, der es ihnen ermöglicht, einfache verbale Anweisungen und Begriffe wahrzunehmen. (Bei fachgerechter Übertragung der Anweisungen und Begriffe in Gebärden und bei entsprechenden behinderungsspezifischen Modifikationen erscheint es uns durchaus möglich, das Unterrichtswerk auch bei gehörlosen Schülern einzusetzen.)
- Auge und Hand so weit koordinieren können, dass sie mit der Hand gezielt auf Gegenstände, Abbildungen etc. zeigen können bzw. diesen Zeigevorgang gezielt mit anderen Körperteilen oder Hilfsmitteln ausführen können.
- über kognitive Fähigkeiten verfügen, die es ihnen ermöglichen, aus dem Umgang mit Material Erkenntnisse abzuleiten, einfache Anweisungen und Regeln zu verstehen und neue Begriffe zu erlernen und zu speichern.
- über einen kurzen Zeitraum eine zielgerichtete Tätigkeit ausführen können.
- bereit sind, sich an der Aktivität ihrer Lerngruppe zumindest im Rahmen einer Einzelarbeit zu beteiligen.
- die grundlegenden Lernziele aus Band 1 GEGENSTÄNDE UND IHRE EIGENSCHAFTEN erreicht haben.

Es ist von Vorteil, wenn die Schüler

- über weitere feinmotorische Fähigkeiten verfügen, die es ihnen ermöglichen, z. B. Formen in entsprechende Öffnungen zu stecken, Perlen aufzufädeln, Gegenstände (Muggelsteine etc.) in einer Reihe anzuordnen usw.
- aktiv über Sprache verfügen und Gegenstände etc. benennen können (später: laut zählen können).
- grafomotorisch in der Lage sind, einfache Schreibgeräte zu handhaben und damit Striche, Linien und Kreise zu zeichnen (später: Ziffern zu schreiben).

Wie arbeite ich mich in dieses Konzept ein?

Am schnellsten können Sie sich mit dem Aufbau dieses Unterrichtswerks vertraut machen, wenn Sie sich zunächst die jedem Kapitel vorangestellte Abfolge der Lernziele und Lernschritte anschauen. Sie lesen am besten zunächst die Texte auf den Notizzetteln am Rand jeder Eingangsseite. Hier wurde von Zalo Zifferli, der Leitfigur dieses Unterrichtswerks, recht flott formuliert, was in dem jeweiligen Kapitel von den Schülern verlangt wird. Wenn Sie dann Zalo Zifferlis Aussagen mit den darüberstehenden Lernziel- und Lernschrittformulierungen vergleichen, bekommen Sie einen ersten Überblick über Inhalt und Aufbau des jeweiligen Kapitels.

Als nächsten Schritt schauen Sie sich bitte ein Kapitel näher an. Am besten wählen Sie ein Kapitel aus, dem ein Lernstrukturgitter vorangestellt ist. Es verdeutlicht Ihnen, wie der mathematische Inhalt dieses Kapitels strukturiert ist. Dargestellt wird diese Struktur mithilfe eines Koordinatensystems. Diese zweidimensionale grafische Darstellung verdeutlicht, dass Lernfortschritte sowohl durch Niveausteigerung, d. h. durch Steigerung im Schwierigkeitsgrad (y-Achse), als auch durch Steigerung der Komplexität, d. h. durch umfänglichere und vielschichtigere Aufgabenstellungen (x-Achse) zu erzielen sind. So können Sie mithilfe des Lernstrukturgitters die Förderung ihrer Schüler als mögliche, individuelle Lernwege planen, kontrollieren und notieren, bis diese schließlich den Lernstoff des Kapitels beherrschen.

Wählen Sie nun die Kapitel aus, die nach Ihrer Einschätzung für die Lerngruppe, die Sie unterrichten, zurzeit relevant ist. Führen Sie mit Ihren Schülern ausgewählte Aufgaben aus dem zugehörigen Lernstrukturgitter durch und überprüfen Sie, was Ihre Schüler schon können. Das Lernstrukturgitter soll Ihnen also zunächst eine Hilfe sein, sehr genau die Lernausgangslage für jeden Schüler festzustellen.

Jetzt haben Sie einen Anhaltspunkt, an welcher Stelle Sie mit Ihren Schülern sinnvollerweise in das Unterrichtswerk einsteigen sollten. Suchen Sie sich anhand der jedem Kapitel vorangestellten Übersicht den entsprechenden Lernschritt heraus. Beginnen Sie etwa zwei bis drei Lernschritte unterhalb des ermittelten Ist-Standes. Wenn Sie die entsprechenden Seiten im Unterrichtswerk aufschlagen, finden Sie übersichtlich nebeneinander – angelehnt an geläufige Darstellungen von Unterrichtsplanung – links jeweils das Lernziel und den daraus abgeleiteten, klar umrissenen Lernschritt. In der Mitte stehen erläuternde methodisch-didaktische Hinweise und rechts konkrete Beispiele für den Unterricht mit Medienangaben und Hinweisen auf Arbeitsblätter. Mithilfe dieser Informationen, Anregungen, Spielvorschläge, Medien und Materialien wird es Ihnen nicht mehr schwerfallen, den Mathematikunterricht für Ihre spezielle Lerngruppe erfolgreich zu planen und durchzuführen.

Was muss ich noch beachten?

Die Kapitel mehr – weniger – gleich viele beginnen stets mit einer basalen Erkundungsphase (Elementarerfahrungen), in der Materialien aus dem direkten Erfahrungsbereich der Schüler verwendet werden. Im weiteren Verlauf werden diese Alltagsmaterialien für den Unterricht nicht genutzt, da die Gefahr besteht, dass sie durch ihre vielfältige Form- und Farbgebung die Schüler ablenken oder verwirren. Stattdessen wird im Sinne der Isolierung von Schwierigkeiten bewusst mit strukturiertem Material gearbeitet (Muggelsteine, Wendeplättchen etc.). Erst am Schluss der einzelnen Kapitel erfolgt jeweils die Übertragung des Gelernten auf Alltagssituationen. Nun werden bei den Aufgabenstellungen auch wieder Gegenstände aus dem täglichen Leben verwendet.

Die Abfolge der Lernziele baut hierarchisch (mit steigendem Schwierigkeitsgrad) aufeinander auf. Sie werden aber immer wieder die Erfahrung machen, dass Schüler es (noch) nicht schaffen, alle Stufen des Lernstrukturgitters zu bewältigen. Z.B. hat ein Schüler gelernt, festzustellen, dass die eine Menge mehr und die andere Menge weniger Elemente hat. Er hat aber noch große Schwierigkeiten, diese Erkenntnis durch richtiges Ankreuzen auf den Arbeitsblättern zu dokumentieren. Trotzdem können diese Schüler mit der Arbeit an den nächsten Kapiteln und ggf. mit Band 3 beginnen. Auch hier werden sie zunächst nur bis zu einem gewissen Niveau fortschreiten. Danach werden die noch nicht vollständig bearbeiteten Kapitel erneut – aber jetzt auf höherem Niveau beginnend – durchgearbeitet.

Beim kontinuierlichen Durcharbeiten der Lernziele werden viele lernschwache Schüler irgendwann die Grenzen ihres kognitiven Leistungsvermögens erreichen. In diesem Fall geben die Fußnoten in den einzelnen Kapiteln Hinweise, wie diese Schüler weiter gefördert werden können. Entweder wird empfohlen, einige Lernschritte zurückzugehen und umfangreichere Übungen auf konkret-anschaulicher Ebene zwischenzuschalten oder es müssen auf der Basis des erreichten mathematischen Lernniveaus Übungen zur Festigung und zur lebenspraktischen Umsetzung angeboten werden.

Lernschritte, die durch **[eckige Klammern]** gekennzeichnet sind, beschreiben fakultative Lerninhalte, die für die Fortsetzung des Lehrgangs nicht zwingend erforderlich sind.

Auch die Abfolge der Lernziele (steigender Schwierigkeitsgrad) ist nicht in jedem Fall zwingend. Je nach Bedingungsfeld, Zielvorstellungen der Lehrkraft oder aus dem ausschließlichen Blickwinkel der lebenspraktischen Verwendbarkeit kann es angezeigt sein, die vorgezeichneten Wege dieses Unterrichtswerks zu verlassen und einzelne Lernziele zunächst zu überspringen oder isoliert zu erarbeiten.

Wie setze ich die Arbeitsblätter ein?

Hinweise auf vorhandene Arbeitsblätter finden Sie im Unterrichtswerk in der Spalte ‚Beispiele für den Unterricht'. Die Arbeitsblätter sind dort verkleinert abgebildet und fortlaufend nummeriert. Beispielsweise gibt die Nummerierung 7.2.1-2 folgende Information: Dieses Arbeitsblatt ist vorgesehen zum Einsatz in Kapitel 7, Lernziel 2, Lernschritt 1. Innerhalb dieses Lernschrittes ist es das 2. Arbeitsblatt, das angeboten wird. Es gibt zu diesem Lernschritt also noch ein Arbeitsblatt, nämlich 7.2.1-1, das einfacher zu bearbeiten ist.

Die Arbeitsblätter sind in erster Linie zur Übung und Vertiefung auf der zeichnerischen Ebene oder als Lernzielkontrolle gedacht. Neue Lernschritte werden immer erst durch konkretes Handeln anschaulich erarbeitet. Manchmal ist dann eine Übertragung auf die zeichnerische (zweidimensionale) Ebene nicht möglich oder nicht sinnvoll, entsprechend sind zu diesen Lernschritten auch keine Arbeitsblätter vorhanden.

Die Arbeitsblätter sind als Beispiele gedacht, die nur einige Möglichkeiten aufzeigen, wie die Inhalte eines Lernschritts geübt und vertieft werden können. Je nach Schülerschaft ist die Lehrkraft gefordert, selbsterstellte Arbeitsblätter zwischenzuschalten oder Aufgaben aus mehreren Arbeitsblättern zusammenzufassen. Auch kann es angezeigt sein, die vorhandenen Arbeitsblätter – soweit möglich – anhand der Vorlagen auf der CD zu editieren, indem sie z.B. vergrößert, verkleinert oder nur ausschnittweise genutzt werden.

Da die Schüler in der Regel noch nicht lesen können, sind die schriftlichen Hinweise auf den Arbeitsblättern so formuliert, dass die Lehrkraft sie als mögliche Anweisung an die Schüler nutzen kann. Je nach Schülerschaft wird es notwendig sein, diese Formulierung durch eigene Wortwahl und Erklärungen zu ersetzen. Zum besseren Aufgabenverständnis können die Arbeitsblätter mittels Präsentationsmedien zunächst gemeinsam mit der gesamten Lerngruppe gelöst werden. Nachdem dann jeder Schüler sein Arbeitsblatt bearbeitet hat, können die Folien zur Selbstkontrolle eingesetzt werden.

Zalo Zifferli, das kleine Würfelmännchen, finden Sie auf jedem Arbeitsblatt. Es dient den Schülern als Leitfigur. Oftmals weist es mit seinen Gesten oder Aktionen auf Schwierigkeiten im Arbeitsblatt hin oder es gibt Lösungshilfen.

Bei den Arbeitsblättern haben die Schüler die Aufgabe, die richtige Lösung anzukreuzen. Die Felder für die Lösungskreuzchen sind grau unterlegt.

6 mehr – weniger – gleich viele Elemente

Hallo Freunde!

Jetzt geht es mehr oder weniger um den Mengenvergleich im vorzahligen Bereich. Neben konkreten Dingen sind es vor allem Punktmengen, die miteinander verglichen werden. Um den Überblick zu erleichtern, sind die zu vergleichenden Dinge feinsäuberlich in ein Raster eingeordnet. Da fällt es leicht zu sagen oder anzukreuzen, in welcher Reihe mehr Dinge sind. Hinterhältigerweise ordnen wir zum Schluss in beide Reihen die gleiche Anzahl von Elementen ein und erarbeiten so auch noch den Begriff „gleich viele“.

Mit mehr oder weniger freundlichen Grüßen
Euer Zalo Zifferli

Lernstrukturgitter mehr – weniger – gleich viele Elemente

Ankreuzen		- bekommt eine Abbildung mit zwei Mengendarstellungen vorgelegt und kann ankreuzen, wo mehr Dinge abgebildet sind	- bekommt eine Abbildung mit zwei Mengendarstellungen vorgelegt und kann ankreuzen, wo mehr Dinge abgebildet sind	**Ankreuzen**	- bekommt eine Abbildung mit zwei Mengendarstellungen vorgelegt und kann durch entsprechendes Ankreuzen kennzeichnen, dass beide Mengen gleich viele Elemente haben
Benennen	b) Abbildungen	- vergleicht zwei Abbildungen und sagt: „Hier sind mehr Punkte aufgemalt.“ („Hier sind weniger aufgemalt.“)	- vergleicht zwei Abbildungen und sagt: „Hier sind mehr Punkte aufgemalt.“ („Hier sind weniger aufgemalt.“)	**Benennen**	- vergleicht zwei Abbildungen und sagt: „In beiden Reihen sind gleich viele Punkte aufgemalt.“
	a) Gegenstände	- vergleicht zwei Mengen Bauklötze und sagt: „Hier liegen mehr Klötze.“ („Hier liegen weniger Klötze.“)	- vergleicht zwei Mengen Bauklötze und sagt: „Hier liegen mehr Klötze.“ („Hier liegen weniger Klötze.“)		- vergleicht zwei Mengen Bauklötze und sagt: „In beiden Reihen liegen gleich viele Klötze.“
Zeigen	b) Abbildungen	- beantwortet die Frage: „Wo sind mehr Bälle aufgemalt?“ durch Zeigen auf den entspr. Teil der Abbildung	- beantwortet die Frage: „Wo sind mehr Bälle aufgemalt?“ durch Zeigen auf den entspr. Teil der Abbildung	**Ergänzen**	- kann zu einer abgebildeten Menge so lange Punkte hinzumalen, bis sie im Vergleich zur vorgegebenen Menge gleich viele Klötze hat
	a) Gegenstände	- beantwortet die Frage: „Wo sind mehr Klötzchen?“ durch Zeigen auf die entsprechende Menge Bauklötze	- beantwortet die Frage: „Wo sind mehr Klötzchen?“ durch Zeigen auf die entsprechende Menge Bauklötze		- kann zu einer Menge so lange Klötze hinzufügen, bis sie – im Vergleich zur darüberliegenden Menge – gleich viele Klötze hat
Elementarerfahrungen		- wählt aus einem Angebot (essbare Dinge, Getränke, Spielsachen) jeweils die „größere“ Menge (die Menge, bei der er denkt, MEHR zu erhalten) aus.			
Niveaustufen ↑ / → **Komplexitätsstufen**		zwei Mengen: eine mit ***mehr*** Elementen eine mit ***weniger*** Elementen Die Mengen unterscheiden sich sehr stark in der Anzahl ihrer Elemente 1. Komplexitätsstufe (2 Klassen)	zwei Mengen: eine mit ***mehr*** Elementen eine mit ***weniger*** Elementen Die Mengen unterscheiden sich nur um wenige Elemente in ihrer Anzahligkeit 2. Komplexitätsstufe (2 Klassen)		zwei Mengen: eine mit ***gleich vielen*** Elementen Die Mengen unterscheiden sich nicht in der Anzahl ihrer Elemente X. Komplexitätsstufe (2 Klassen)

Lernziel	Lernschritte	Didaktisch-methodische Hinweise	Beispiele für den Unterricht / *Medien*
6.2 **Die Schüler sollen die Begriffe *mehr* und *weniger Elemente* bei gleichgeordneten Mengen und paarweiser optischer Zuordnung anwenden.**		Bei den hier vorgeschlagenen Übungen werden viele Schüler erfahrungsgemäß das Begriffspaar *viel – wenig* verwenden. Sprachlich ist darauf hinzuarbeiten, dass dieses Begriffspaar langsam durch die Begriffe *mehr* und *weniger* ersetzt wird. Diese Begriffe bezeichnen eindeutiger das Mehr bzw. das Weniger an Elementen im Vergleich zweier Mengen. Damit die Schüler lernen, die Begriffe *mehr* und *weniger* sprachlich richtig anzuwenden, wird mit sehr deutlichen Unterschieden gearbeitet. Jeweils zwei Mengen werden miteinander verglichen und mit den Begriffen *mehr Elemente* (Klötzchen, Plättchen etc.) bzw. *weniger Elemente* gekennzeichnet. Man muss auf den ersten Blick sehen können, wo mehr und wo weniger Dinge sind. Eine gute Präsentation, z. B. innerhalb zweier Rahmen oder auf zwei gleichfarbigen Unterlagen, ist hier wichtig. Bei den dargebotenen Mengen muss immer eine klare Auflösung in Einzelelemente möglich sein. Mehr oder weniger Kartoffelbrei wäre ein ungeeignetes Beispiel, da man diese Menge nicht klar in Einzelelemente gliedern kann. Es ist auch darauf zu achten, dass die Elemente der Mengen stets die gleiche Größe und anfangs auch die gleiche Farbe haben, damit der Vergleich nur nach dem Kriterium der Quantität (Anzahl) und nicht nach anderen Kriterien (z. B. Masse, Größe) durchgeführt wird. * Die Bewältigung des Lernziels 6.2 ist Voraussetzung, um mit 6.3 beginnen zu können. Allerdings bringen einige Schüler die in 6.2 angestrebten Fähigkeiten schon als Vorerfahrung mit und können diese Übung überspringen.	

Lernziel	Lernschritte	Didaktisch-methodische Hinweise	Beispiele für den Unterricht / *Medien*
→ 6.2 **Die Schüler sollen die Begriffe *mehr* und *weniger Elemente* bei gleichgeordneten Mengen und paarweiser optischer Zuordnung anwenden.**	**6.2.1** **Zwei gleichgeordnete konkrete Mengen unterscheiden können ohne Benennung der Mächtigkeitsrelation**	Die Mengen sollen in diesem Lernschritt immer in einem Raster angeordnet sein, sodass eine paarweise optische Zuordnung leicht möglich ist. Hier ein Beispiel für eine gute Präsentation der Mengen: 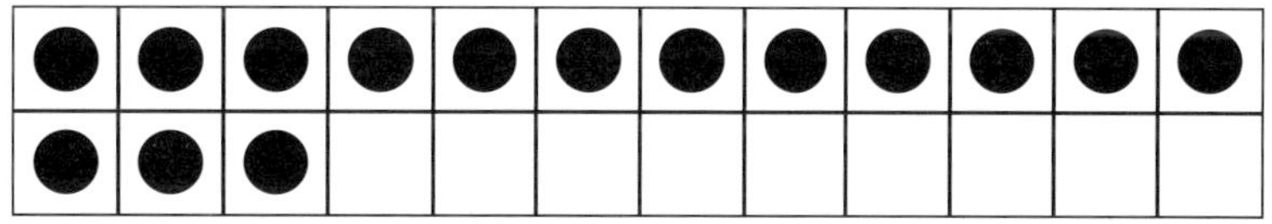 Die Begriffe *mehr* und *weniger Elemente* sollen zunächst fächerübergreifend in vielfältigen Alltagssituationen angewandt werden. Die Fragestellung sollte entsprechend der Interessenlage lauten: „Welche Menge (Reihe) würdest du nehmen?“, „Warum?“. Bei diesen Übungen haben essbare Dinge einen besonderen Aufforderungscharakter. Dabei wird anfänglich nicht gefragt: „Wo sind mehr Dinge?“, „Wo sind weniger Dinge?“.	Zwei Mengen essbarer Dinge *(Schokolinsen, Plätzchen, Gummibärchen, Bonbons, Rosinen, Nüsse, Obststückchen etc.)* miteinander vergleichen und wählen lassen, welche Menge der Schüler haben möchte.
	6.2.2 **Zwei gleichgeordnete konkrete Mengen miteinander vergleichen und <u>zeigen</u>, wo *mehr* bzw. *weniger Elemente* sind**	Danach erfolgt eine erste Anwendung der Begriffe *mehr* und *weniger* in Übungssituationen. Die Lehrkraft präsentiert Gegenstände, die in ein Raster eingeordnet sind, und fragt, in welcher Reihe mehr (weniger) Dinge sind. Die Schüler zeigen entsprechend. Kleinteile (wie Muggelsteine etc.) können schnell und einfach linear angeordnet werden, indem man sie in Rastern aus aneinandergeklebten Innenteilen von Streichholzschachteln präsentiert. Auch Eierkartons, Setzkästen, Keksverpackungen lassen sich als Raster verwenden. In der Turnhalle können zwei nebeneinanderliegende Leitern als Raster dienen.	Zwei Mengen (*Buntstifte, Tischtennisbälle, Bausteine, Sammelbilder, Muggelsteine, Dreiecke, Murmeln, Bälle oder Naturmaterialien wie Kastanien, Eicheln, Tannenzapfen etc.)* werden im Raster dargeboten, immer mit der Aufforderung: „Zeige, wo mehr ... sind.“ Zusätzlich wird ggf. gefragt: „Welche ... (Menge) würdest du nehmen? Warum?“ Zwei Züge einer *Spielzeugeisenbahn* werden exakt nebeneinandergestellt und verglichen. „Zeige mir, welcher Zug mehr Wagen hat.“ CD Spiel 1: Spring im Feld

Lernziel	Lernschritte	Didaktisch-methodische Hinweise	Beispiele für den Unterricht / *Medien*
➜ 6.2 **Die Schüler sollen die Begriffe *mehr* und *weniger Elemente* bei gleichgeordneten Mengen und paarweiser optischer Zuordnung anwenden.**	**6.2.3** **Zwei gleichgeordnete konkrete Mengen miteinander vergleichen und <u>sagen</u>, wo *mehr* bzw. *weniger Elemente* sind**	Auch hier werden immer zwei Mengen dargeboten, die sich in der Anzahl ihrer Elemente sehr deutlich unterscheiden. Der Schüler sagt: „Dort sind mehr Dinge, dort sind weniger Dinge.“ Wenn die Schüler Begriffe wie *länger – kürzer* oder *größer – kleiner* verwenden, werden diese zu der Formulierung hingeführt: „Dort sind *mehr Dinge*, dort sind *weniger Dinge*.“ Es werden immer nur gleiche Dinge angeboten, zunächst konkrete Dinge, dann auch Abbildungen. Die Kontrolle erfolgt immer durch rein optischen Vergleich, nicht durch Abzählen. Mengen, die nicht gleichgeordnet sind, können erst dann verglichen werden, wenn sie unter Anleitung in eine gleiche Anordnung (Raster) gebracht worden sind. * * Im Lernschritt 6.2.3 werden in einigen Fällen Mengen zunächst umgeordnet und dann miteinander verglichen. Der Prozess des Umordnens ist hier noch kein Lernziel und kann, wo notwendig, ganz oder teilweise von der Lehrkraft vorgenommen werden. Der Schüler soll nur durch direkten Vergleich feststellen, wo mehr bzw. weniger Elemente sind. (Vgl. 7.3 f)	Beispiele und *Medien* wie unter 6.1.2 mit dem Unterschied, dass der Schüler jetzt nicht nur zeigt, sondern auch sagt, wo mehr bzw. weniger Dinge sind. Zwei *Bilder* mit Kindern, die in einer Reihe stehen, werden miteinander verglichen. Der Schüler sagt: „Dort sind mehr Kinder – dort sind weniger Kinder.“ Linear angeordnete Kreise auf einem zweigeteilten *Blatt:* „Dort sind mehr Kreise.“ *Perlen* liegen in zwei *Schälchen:* Zunächst werden die Perlen auf *Fäden* gezogen, dann können die entstandenen Ketten miteinander verglichen werden: „Diese Kette hat mehr Perlen, diese hat weniger Perlen.“ Zwei Haufen *Bauklötze*, Riesen-Steckwürfel *(Rhythmikdosen, Filmdöschen)* werden zunächst zu Türmen aufgeschichtet, dann wird verglichen: „Hier sind weniger Klötze.“

Lernziel	Lernschritte	Didaktisch-methodische Hinweise	Beispiele für den Unterricht / *Medien*
➜ 6.2 **Die Schüler sollen die Begriffe *mehr* und *weniger Elemente* bei gleichgeordneten Mengen und paarweiser optischer Zuordnung anwenden.**	**6.2.4** **Zwei gleichgeordnete zeichnerisch dargestellte Mengen miteinander vergleichen und <u>ankreuzen</u>, wo *mehr* bzw. *weniger Elemente* sind**	In diesem Lernschritt werden von den Schülern hauptsächlich Arbeitsblätter bearbeitet. Zuvor aber sollten die Aufgaben gemeinsam (am Tageslichtprojektor) geübt werden. Besonders die Funktion der grauen Antwortkästchen hinter den Mengen muss erklärt und durch mehrfaches Ankreuzen geübt werden. Auch bei den nachfolgenden Lernschritten werden immer wieder diese Antwortkästchen verwendet, sodass eine gründliche Einführung hier sinnvoll ist. Es ist ratsam, zunächst immer die Frage zu stellen: „Wo sind **mehr** Plättchen?“ Die Schüler kreuzen also zunächst immer nur die Menge an, die mehr Elemente enthält. Nachdem die Schüler hierin Sicherheit gewonnen haben, kann auch – bei Verwendung der gleichen Arbeitsblätter – gefragt werden: „Wo sind **weniger** Plättchen?“ 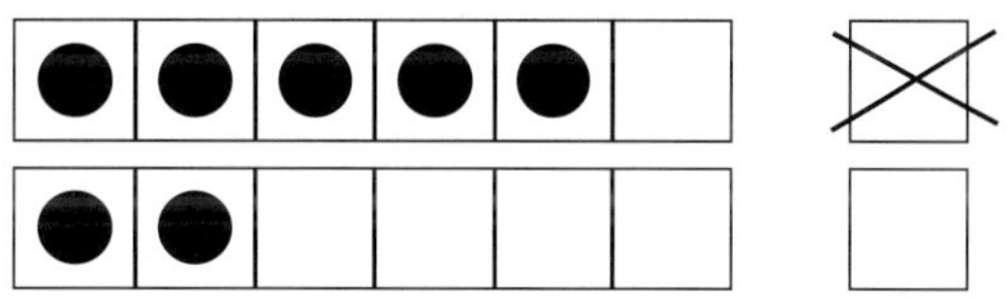	An der *Tafel* oder auf dem *Tageslichtprojektor* zeichnerisch dargestellte Mengen (zwei Reihen mit Äpfeln, Bällen, Plättchen) werden miteinander verglichen, und es wird angekreuzt, in welcher Reihe mehr Dinge dargestellt sind. ➜ ARBEITSBLATT 6.2.4-1 -2 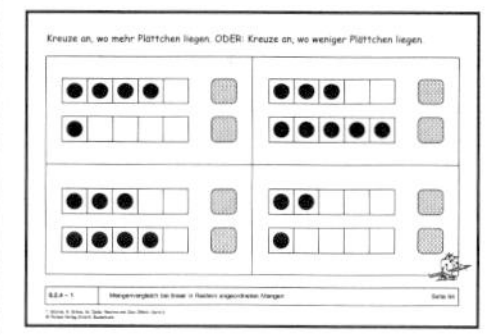 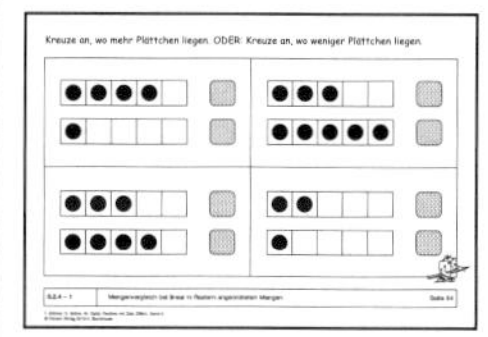

Lernziel	Lernschritte	Didaktisch-methodische Hinweise	Beispiele für den Unterricht / *Medien*
6.3 **Die Schüler sollen den Begriff *gleich viele Elemente* bei gleichgeordneten Mengen und paarweiser optischer Zuordnung anwenden**	**6.3.1** **Zwei gleichgeordnete Mengen miteinander vergleichen und sagen, dass sie *gleich viele Elemente* haben**	Erst wenn die Schüler (in Bezug auf gleichgeordnete Mengen) Sicherheit im Umgang mit den Begriffen *mehr* und *weniger Elemente* gewonnen haben, werden Mengen mit *gleich vielen Elementen* angeboten. Auch hier erfolgt die Kontrolle immer rein optisch durch direkten Vergleich (nebeneinanderhalten, nebeneinanderstellen) und nicht durch Abzählen.	Wie in Lernschritt 6.2.3 werden von der Lehrkraft zwei Mengen *Holzperlen* angeboten. Wieder werden die Perlen zunächst aufgefädelt und die so entstandenen Ketten dann verglichen.* Jetzt zeigt sich, dass beide Ketten gleich lang sind. Die Schüler erkennen, dass die Frage: „Wo sind mehr Perlen?“ nicht durch Hinweis auf eine Menge beantwortet werden kann und kommen zu der Einsicht, dass beide Ketten gleich viele Perlen haben. Auch das Beispiel mit den *Bauklötzen* bzw. Riesen-Steckwürfeln aus 6.2.3 lässt sich anwenden: „Beide Türme haben gleich viele Klötze.“  Spiel 2: Treppendomino
	6.3.2 **Zwei gleichgeordnete Mengen miteinander vergleichen und ggf. zur kleineren Menge Elemente hinzufügen, bis beide Mengen *gleich viele Elemente* haben**	In diesem Lernschritt soll der Begriff *gleich viele* gefestigt werden. Dies geschieht, indem zu einer Menge so lange weitere Elemente hinzugefügt werden, bis sie mit einer vorgegebenen Menge gleichmächtig ist. Die Schüler stellen die Gleichmächtigkeit selbst her. Dies geschieht zunächst konkret handelnd. * Auch hier ist der Prozess des Umordnens noch kein Lernziel; er kann daher auch von der Lehrkraft vorgenommen werden. Die Schüler sollen lediglich erkennen, dass beide Mengen gleich viele Elemente haben.	Zwei Reihen *Bauklötze* oder Riesen-Steckwürfel liegen vor den Schülern: „In beiden Reihen sollen gleich viele Klötze liegen.“ 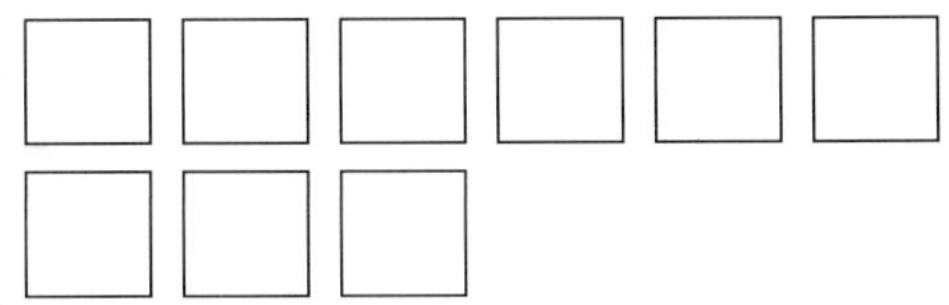 Die Schüler ergänzen die untere Reihe, bis in beiden Reihen gleich viele Klötze liegen. In ähnlicher Weise kann mit *Holzperlen* (auf zwei Ketten) oder *Spielzeugautos* (auf zwei Straßen) das Herstellen von gleichmächtigen Mengen geübt werden. *

Lernziel	Lernschritte	Didaktisch-methodische Hinweise	Beispiele für den Unterricht / *Medien*
➜ 6.3 **Die Schüler sollen den Begriff *gleich viele Elemente* bei gleichgeordneten Mengen und paarweiser optischer Zuordnung anwenden**	**➜ 6.3.2** **Zwei gleichgeordnete Mengen miteinander vergleichen und ggf. zur kleineren Menge Elemente hinzufügen, bis beide Mengen *gleich viele Elemente* haben**	Danach erfolgt die gleiche Aufgabenstellung auf der zeichnerischen Ebene. Durch das Hinzumalen weiterer Elemente wird eine Menge so lange erweitert, bis beide Mengen gleich viele Elemente haben. Es ist möglich, dass die Schüler die Aufgabe: „Beide Reihen sollen gleich viele Dinge enthalten“, lösen, indem sie von der größeren Menge Dinge wegnehmen oder sogar Elemente von der größeren in die kleinere Menge umordnen. Diese Lösungen zeigen, dass der Schüler den Begriff *gleich viel* verstanden hat und schon flexibel mit den Mengen umgehen kann. Da dieser Überblick bei vielen Schülern aber nicht vorausgesetzt werden kann, bietet die Lehrkraft als Lösungsweg (zunächst) immer das Hinzufügen von Elementen zur kleineren Menge an. * Zu beachten ist, dass es in diesem Lernschritt noch nicht um das Nachbilden oder selbstständige Herstellen von Mengen geht! Dieses wird erst im Lernschritt 9 trainiert; jetzt fehlen den Schülern dazu noch wichtige Voraussetzungen. Hier geht es nur darum, zwei vorgegebene Mengen durch konkretes Tun gleichmächtig zu machen.	➜ ARBEITSBLATT 6.3.2-1 -2  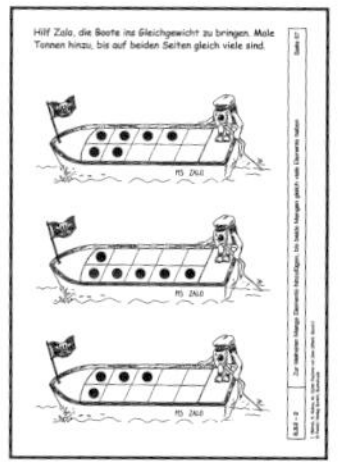

7 Hinführung zur Erkenntnis, dass sich eine Menge entgegen dem optischen Eindruck in ihrer Anzahligkeit nicht verändert, wenn die Elemente in anderer Anordnung präsentiert werden (Erkenntnis der strukturellen Freiheit)

Hallo freiheitsliebende Pädagogen!

Inzwischen haben unsere Schüler erste Erfahrungen im Vergleichen von Mengen gesammelt. Sie können mithilfe der 1-zu-1-Zuordnung feststellen, dass eine Menge mehr Elemente hat als eine andere. Dies klappt bis jetzt aber nur, wenn beide Mengen feinsäuberlich in ein Raster eingeordnet nebeneinanderliegen. So leicht geht es aber nicht weiter. Wir machen es schwieriger, indem wir zunächst das Raster wegnehmen. Dann lassen wir Lücken zwischen den Elementen, sodass die 1-zu-1-Zuordnung erschwert wird. Danach lösen wir die lineare Anordnung ganz auf und verteilen die Elemente in die Fläche. Die Dinge haben schließlich die Freiheit, zu liegen, wo sie wollen. Strukturelle Freiheit einer Menge nennt man das. Durch Freiheitsberaubung (= Wiederherstellung der linearen Anordnung und damit durch die Möglichkeit der 1-zu-1-Zuordnung) können die Schüler auch diese „freischwebenden Mengen“ in ihrer Mächtigkeit vergleichen.

Mit freiheitlichem Gruß
Euer Zalo Zifferli

Erste Anwendung der Erkenntnis der strukturellen Freiheit	Feststellen der Gleichmächtigkeit bei nicht linear angeordneten zeichnerischen Mengen	b) durch zeichnerische sukzessive Zuordnung			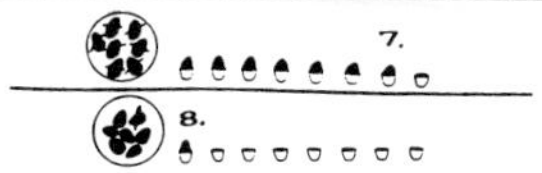
		a) durch zeichnerische asynchone Zuordnung			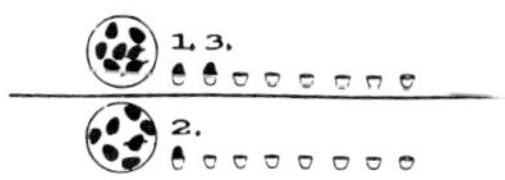
	Feststellen der Gleichmächtigkeit bei nicht linear angeordneten konkreten Mengen	c) durch konkrete sukzessive Zuordnung		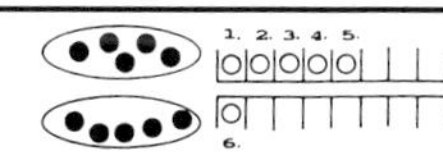	
		b) durch konkrete asynchrone Zuordnung		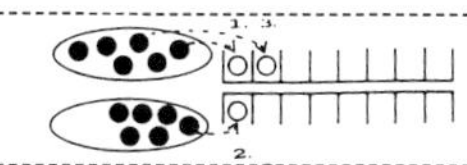	
		a) durch konkrete synchrone Zuordnung		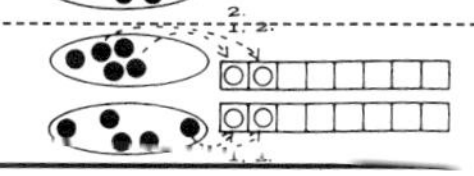	
Erkenntnis der strukturellen Freiheit	Erkenntnis der Gleichmächtigkeit einer Menge bei zweidimensionaler Veränderung der linearen Anordnung	c) bei nicht beobachtbarer Umordnung der Elemente			
		b) bei sichtbarer Umordnung der Elemente ohne Spurbildung	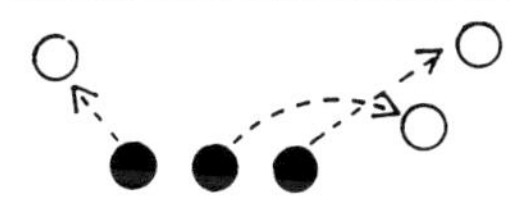		
		a) bei sichtbarer Umordnung der Elemente mit Spurbildung			
	Erkenntnis der Gleichmächtigkeit einer Menge bei eindimensionaler Veränderung der linearen Anordnung	c) bei Präsentation mit Lücken (Leerplätzen)			
		b) bei Präsentation ohne Raster	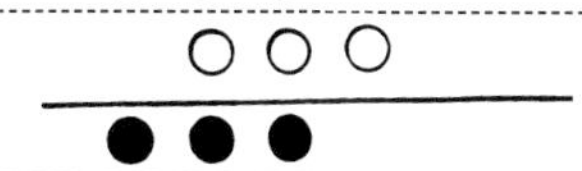		
		a) bei Präsentation in einem Raster	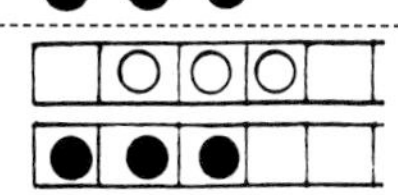		
Niveaustufen ↑		→ **Komplexitätsstufen**	simultan erfassbare Mengen (Mengen mit bis zu 3 Elementen) 1. Komplexitätsstufe (2 Klassen)	Mengen mit bis zu 6 Elementen 2. Komplexitätsstufe (2 Klassen)	Mengen mit mehr als 6 Elementen) X. Komplexitätsstufe (2 Klassen)

Lernziel	Lernschritte	Didaktisch-methodische Hinweise	Beispiele für den Unterricht / *Medien*
7.2 **Die Schüler sollen mithilfe der 1-zu-1-Zuordnung entscheiden, ob zwei Mengen *gleich viele Elemente* haben oder wo *mehr* bzw. *weniger Elemente* sind**	**7.2.1** **Mengenvergleich bei linearer Anordnung der Mengen in einem Raster**	Nachdem in den vorangegangenen Lernschritten die Begriffe *mehr/weniger* und *gleich viele* eingeführt worden sind, geht es jetzt darum, diese Kenntnisse anzuwenden: Wieder werden zwei Mengen in linearer Anordnung in einem Raster dargeboten. Diese Mengen sollen zunächst nicht mehr als sechs Elemente haben. 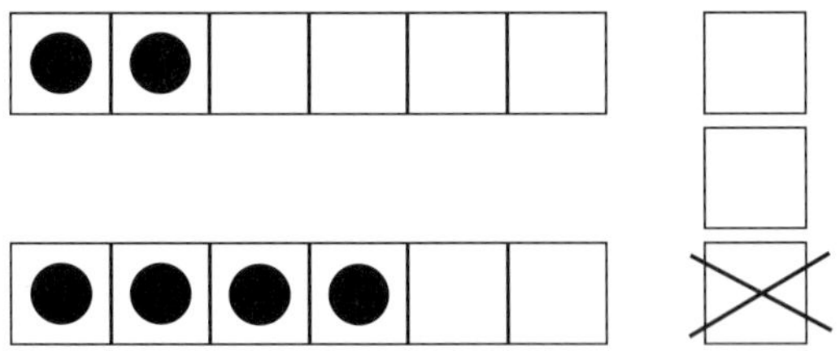 Die Schüler sollen die Mengen miteinander vergleichen und ankreuzen, wo mehr Dinge abgebildet sind. Wenn beide Mengen gleich viele Elemente haben, wird in der Mitte angekreuzt. Dieses Kästchen in der Mitte, das *gleich viele* bedeutet, wird hier erstmals benutzt und bedarf daher der intensiven Einführung und Erklärung. Wenn Schüler noch Schwierigkeiten haben, zu erkennen, in welcher Reihe mehr Punkte sind, können sie als Hilfestellung und zur nochmaligen Verdeutlichung der 1-zu-1-Zuordnung die jeweils übereinanderliegenden Punkte mit einer Linie verbinden: „Wir bilden immer Paare. In welcher Reihe bleibt etwas übrig?" Es ist auch möglich – unter erneuter Verwendung der gleichen Arbeitsblätter – zu fragen: „Wo sind weniger Dinge, oder sind es gleich viele?"	➜ ARBEITSBLATT 7.2.1-1 -2 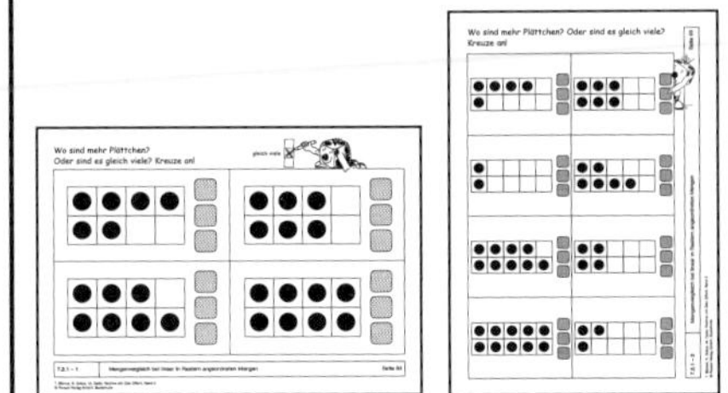 **CD** Spiel 3: Deine Karte - meine Karte **CD** Spiel 4: Finde deinen Partner

Lernziel	Lernschritte	Didaktisch-methodische Hinweise	Beispiele für den Unterricht / *Medien*
➜ 7.2 **Die Schüler sollen mithilfe der 1-zu-1-Zuordnung entscheiden, ob zwei Mengen *gleich viele Elemente* haben oder wo *mehr* bzw. *weniger Elemente* sind**	**7.2.2** **Mengenvergleich bei abnehmender Rasterhilfe**	In diesem Lernschritt wird das vorgegebene Raster schrittweise abgebaut, bis die Schüler ohne Hilfslinien entscheiden können, wo mehr bzw. weniger Dinge sind oder ob es gleich viele sind. Das Raster kann nach folgendem Schema abgebaut werden, wobei ggf. weitere Zwischenschritte eingeschoben werden können. vollständ. Raster 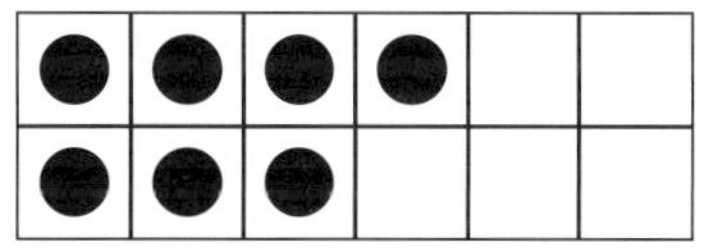 Schritt 1 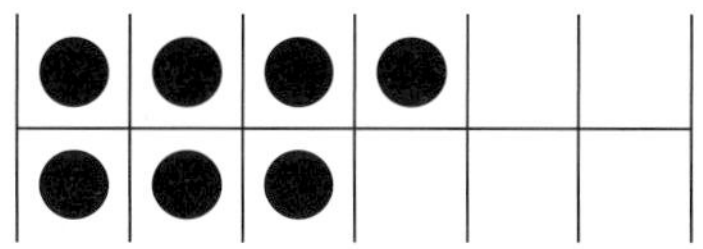 Schritt 2 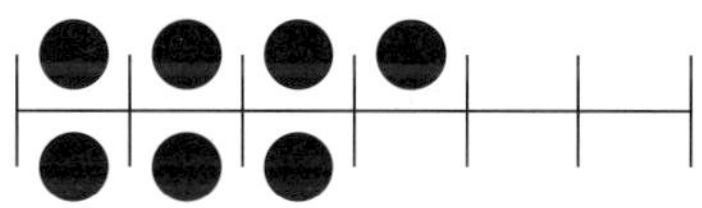 Schritt 3 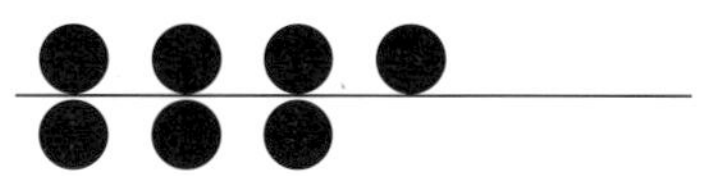 Schritt 4 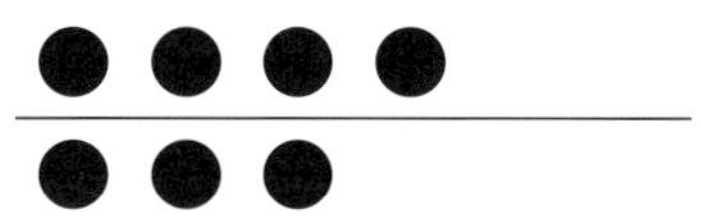 Schritt 5 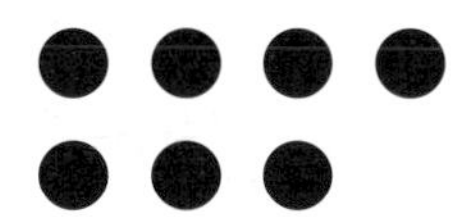	➜ ARBEITSBLATT 7.2.2-1 -2 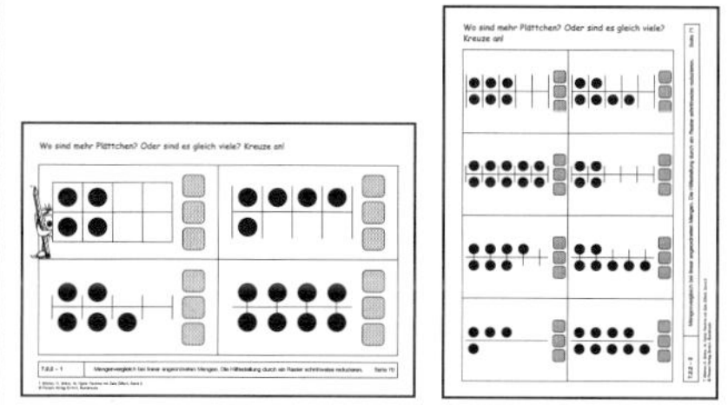  Spiel 5: Teppichleger

Lernziel	Lernschritte	Didaktisch-methodische Hinweise	Beispiele für den Unterricht / *Medien*
➜ 7.2 **Die Schüler sollen mithilfe der 1-zu-1-Zuordnung entscheiden, ob zwei Mengen *gleich viele Elemente* haben oder wo *mehr* bzw. *weniger Elemente* sind**	**7.2.3** **Mengenvergleich trotz unterbrochener Zuordnung ***	Zwei Mengen sind zunächst wieder in einem Raster, danach auf einer Linie angeordnet, jedoch bleiben Plätze (im Raster) frei, sodass 1-zu-1-Zuordnungen auf den ersten Blick nicht immer möglich sind. Durch zeichnerisches Zuordnen (Paare bilden) oder Umordnen (um Paarbildung zu ermöglichen) erfolgt eine 1-zu-1-Zuordnung und damit der Mengenvergleich. Der Schwierigkeitsgrad der unterbrochenen Zuordnung kann schrittweise gesteigert werden: 1. Schritt 2. Schritt 3. Schritt 4. Schritt 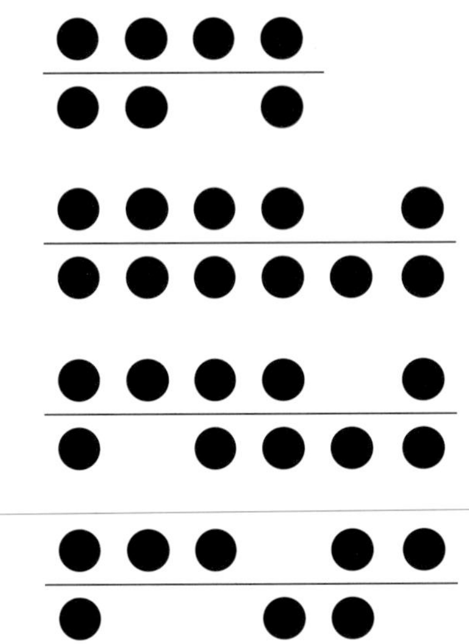 Danach können die Mengen in ähnlicher Weise auch in senkrechter Anordnung dargeboten werden. * Dieser Lernschritt ist eine wichtige Vorübung für Lernschritt 7.3	Übungen auf entsprechenden *Arbeitsblättern* immer mit der Fragestellung: „Wo sind mehr Klötzchen (Dinge, Kreise, Punkte etc.)?“ ➜ ARBEITSBLATT 7.2.3-1, -2, -3, [7.2.3-4] 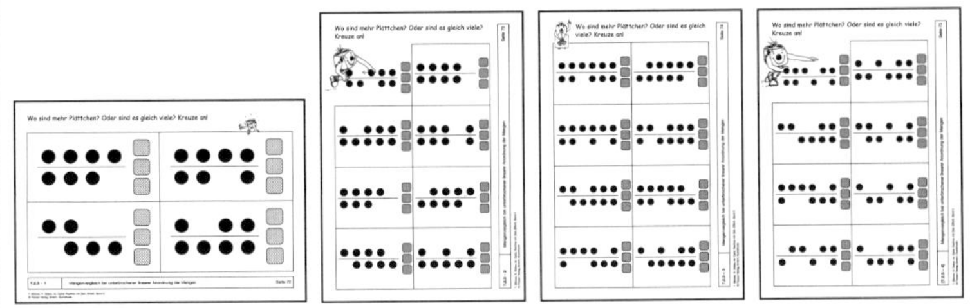 CD Spiel 6: Medizinbälle einsammeln CD Spiel 7: Ziel genau! CD Spiel 8: Schau genau!

Lernziel	Lernschritte	Didaktisch-methodische Hinweise	Beispiele für den Unterricht / *Medien*
7.3 **Die Schüler sollen erkennen, dass die Mächtigkeit von Mengen trotz Umordnung der Elemente gleich bleibt, indem sie ggf. die ursprüngl. Ordnung wiederherstellen**	**7.3.1** **Rückordnung der Elemente entlang der entstandenen Spur**	In diesem Lernschritt werden immer zwei gleichmächtige Mengen (anfangs nur mit 3 bis 4 Elementen) dargeboten. Die Mengen sind zunächst einander linear, in gleichen Abständen, paarweise zugeordnet 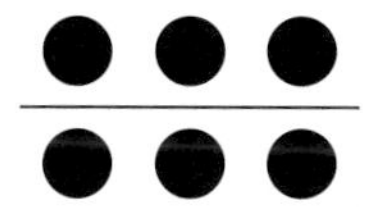 und werden bezüglich ihrer Mächtigkeit verglichen. Eine der beiden zu vergleichenden Mengen wird dann aus dieser Anordnung heraus in die Fläche verteilt. 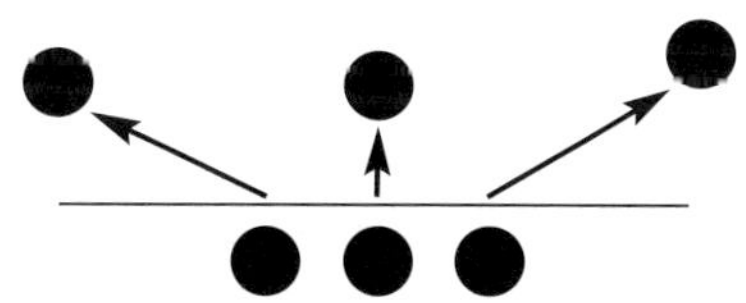 Da diese umgeordnete Menge nun auf eine größere Fläche verteilt ist, hat der noch nicht invariante Schüler den Eindruck, dass sie größer sei und deshalb auch mehr Elemente habe. Manche Schüler lassen sich allerdings auch durch die vergleichsweise dichte Anordnung der verbleibenden Vergleichsmenge zu der Annahme verleiten, hier seien mehr Elemente. Diese falschen Eindrücke sollen anhand von häufigen, konkreten Handlungen durch die Erfahrung überlagert werden, dass die alte Ordnung – und damit der direkte Mengenvergleich – wiederhergestellt werden kann. Um diese Erfahrungen zu ermöglichen, wird mit „Spuren" gearbeitet, über die eine anschauliche Rückführung erfolgen kann. Auch die Einkleidung des Vorgangs in eine Geschichte, die einen sachlogischen Zusammenhang zwischen den beiden zu vergleichenden Mengen herstellt (Autos und Garagen, Hasen und Möhren), trägt dazu bei, die Einsicht zu gewinnen, dass sich die Anzahl der Elemente trotz Umordnung nicht verändert.	An einer *Magnettafel* stellen zwei Schüler ihre *Plättchen (Magnetknöpfe mit aufgezeichneten Autos bzw. Garagen)* in zwei Reihen einander gegenüber auf (lineare Anordnung). „Haben wir für jedes Auto eine Garage?" „Ja." „Dieses Auto fährt zur Seite und zieht eine Spur *(Kreidestrich)*. Ist jetzt für jedes Auto noch eine Garage da?" „Ja, das Auto kann auf seiner Spur zurückfahren, dann sieht man, dass jedes Auto seine Garage hat." Die Übung kann auch auf einer *liegenden Tafel (Tischplatte etc.)* durchgeführt werden. Drei *Schachteln* stellen die Garagen dar, drei *Kreidestücke* die Autos, die stets eine Spur hinterlassen. Auch im Sandkasten oder im Schnee können solche Übungen mit Spuren durchgeführt werden. Die Spurhilfe kann langsam abgebaut werden, indem man die Spur mit feuchtem Finger oder mit einem nassen Pinsel auf einer Tafel oder einem Blatt Papier zieht. Nach kurzer Trocknungszeit, wenn die Spur unsichtbar geworden ist, wird die Rückordnung vorgenommen. Die sachlogische Verküpfung der beiden Mengen kann auch erfolgen, indem man mit Gegenständen spielt, die z. B. Pferde und Ställe, Hunde und Herrchen, Hasen und Möhren darstellen sollen.

Lernziel	Lernschritte	Didaktisch-methodische Hinweise	Beispiele für den Unterricht / *Medien*
➜ 7.3 **Die Schüler sollen erkennen, dass die Mächtigkeit von Mengen trotz Umordnung der Elemente gleich bleibt, indem sie ggf. die ursprüngl. Ordnung wiederherstellen**	**➜ 7.3.1** **Rückordnung der Elemente entlang der entstandenen Spur**	Die Aufmerksamkeit der Schüler soll vorrangig gelenkt werden auf die Bewegung der Elemente aus der linearen Anordnung in die Fläche. Die optische Abbildung der Menge, die jetzt mehr Raum einnimmt, soll in den Hintergrund treten. Auch bei der Umordnung aus der linearen Anordnung in die Fläche kann der Schwierigkeitsgrad schrittweise gesteigert werden, indem zunehmend mehr Elemente umgeordnet werden, die immer weiter von der Vergleichsmenge entfernt liegen. 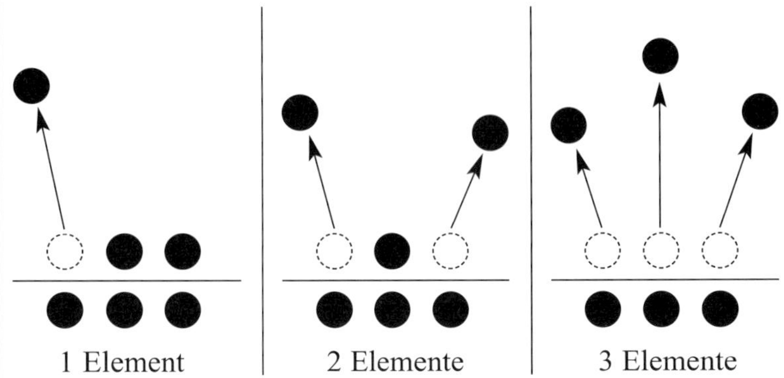	Mit ähnlichen spielerischen Aufgaben werden alle Arten der Um- und Rückordnung durchgeführt. Auf *Arbeitsblättern* kann die Spur mit Buntstiften gezeichnet werden. CD Spiel 9: Verstecken

Lernziel	Lernschritte	Didaktisch-methodische Hinweise	Beispiele für den Unterricht / *Medien*
→ 7.3 **Die Schüler sollen erkennen, dass die Mächtigkeit von Mengen trotz Umordnung der Elemente gleich bleibt, indem sie ggf. die ursprüngl. Ordnung wiederherstellen**	**7.3.2** **Mengenvergleich nach erfolgter sichtbarer Umordnung der Elemente einer Menge**	Wenn die Schüler die Einsicht gewonnen haben, dass Mengen gleichmächtig bleiben, auch wenn ihre Elemente umgeordnet werden, da man sie auf der sichtbaren Spur zurückführen kann, erfolgt die Umordnung der Elemente <u>ohne</u> Spur. Die Umordnung muss gerade, auf direktem Wege erfolgen, damit die Schüler sich die Wege einprägen und die Umordnung rückgängig machen können. Der Schwierigkeitsgrad der Umordnung wird (wie in Lernschritt 7.3.1) langsam gesteigert. Die Schüler sollen zunächst den Umordnungsvorgang beobachten und (wenn nötig) rückgängig machen. Dann kann die Rückordnung durch Zeigen angedeutet werden, bis sie vollständig vorstellend vollzogen wird und die Schüler damit sicher sind, dass trotz der Umordnung die Mächtigkeit der Menge erhalten bleibt. Erst danach darf ‚provozierend' gefragt werden, wo mehr oder weniger Elemente sind.	Aufgaben und Übungen wie in Lernschritt 7.3.1, jedoch ohne Spur. Zunächst wird großflächig auf einem *Tisch,* dann auf einem *Blatt* gearbeitet. Die verwendeten Elemente *(Klötzchen, Muggelsteine, Plättchen)* können im Spiel als Frösche, Flöhe, Vögel, Flugsaurier etc. bezeichnet werden, die im Sprung bzw. im Flug keine Spur hinterlassen.

Lernziel	Lernschritte	Didaktisch-methodische Hinweise	Beispiele für den Unterricht / *Medien*
➜ 7.3 **Die Schüler sollen erkennen, dass die Mächtigkeit von Mengen trotz Umordnung der Elemente gleich bleibt, indem sie ggf. die ursprüngl. Ordnung wiederherstellen**	**7.3.3** **Mengenvergleich nach nicht nachvollziehbarer oder verdeckter Umordnung der Elemente einer Menge**	Jetzt erfolgt die Umordnung der Elemente einer Menge nicht mehr gradlinig, sondern die Vögel, Flugzeuge etc. erreichen ihre neue Position auf immer längeren Wegen.  Die Schüler können nun die Rückordnung über den Umweg nicht mehr genau nachvollziehen; sie ordnen nur noch in der Vorstellung (eventuell noch mit dem Finger gradlinig deutend) zurück, um die Gleichmächtigkeit festzustellen. In einem zweiten Schritt kreuzen sich bei der Umordnung die Bahnen der Elemente. Schließlich findet in einem dritten Schritt die Umordnung verdeckt statt. Die Schüler sehen nur noch die Ausgangs- und Endposition. Die Rückordnung soll nur noch in der Vorstellung vollzogen werden, sodass die Elemente beim Mächtigkeitsvergleich die Endposition beibehalten. Wenn die Schüler diese Aufgaben sicher beherrschen, kann die Mächtigkeit der zu vergleichenden Mengen auf bis zu 6 Elemente erhöht werden.	Aufgaben und Übungen ähnlich wie in 7.3.1/7.3.2, jedoch, ohne Spuren zu ziehen. Die *Muggelsteine, Plättchen, Kronkorken* etc. stellen jetzt Flugzeuge oder Vögel dar, die auf langen, kurvenreichen Wegen schnell ihre neuen Positionen erreichen. Übung: Zwei Gruppen mit je drei Schülern stellen ihre Flugzeuge *(Haftplättchen)* auf einem Flugplatz *(Tafel)* gradlinig gegenüber auf. Die eine Gruppe lässt ihre Flugzeuge fliegen; sie landen auf anderen Flugplätzen auf der Tafel. „Hat diese Gruppe jetzt mehr, weniger oder gleich viele Flugzeuge als/wie die andere Gruppe?“ Das Problem kann auch im Rollenspiel mit *Spielzeugfiguren (3 Pferde und 3 Reiter)* nachgespielt werden: Reiter steigen von den Pferden ab. Die Pferde werden nebeneinander angebunden; die Reiter gehen spazieren. „Ist jetzt noch für jeden Reiter ein Pferd da?“ Hier bietet eine drehbare *Metalltafel* mit *Magnetknöpfen* die Möglichkeit, die Elemente bei umgedrehter Tafel (verdeckt) umzuordnen. ➜ ARBEITSBLATT 7.3.3-1 -2 -3  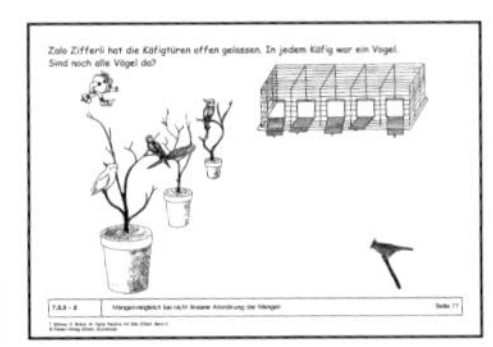 

Lernziel	Lernschritte	Didaktisch-methodische Hinweise	Beispiele für den Unterricht / *Medien*
➔ 7.3 **Die Schüler sollen erkennen, dass die Mächtigkeit von Mengen trotz Umordnung der Elemente gleich bleibt, indem sie ggf. die ur-sprüngl. Ordnung wiederherstellen**	**7.3.4** **Mengenvergleich nach Umordnung der Elemente beider Mengen**	In den Lernschritten 7.2.1 bis 7.3.3 wurde immer nur <u>eine</u> der beiden zu vergleichenden Mengen umgeordnet; die andere blieb unverändert und ermöglichte durch ihre Platzhalterfunktion eine problemlose Rückordnung. Mit zunehmendem Training konnten die Schüler auf die Rückordnung verzichten und erfassten die Mächtigkeit der umgeordneten Menge im Gesamtüberblick. Erst jetzt, nachdem die Schüler diesen Vorgang sicher beherrschen, kann begonnen werden, beide Mengen umzuordnen. Auch hier wird wieder – ähnlich wie bei der Umordnung der ersten Menge – schrittweise vorgegangen. Und zwar: 1. Schritt: Umordnung mit Spur (vgl. 7.3.1) 2. Schritt: sichtbare Umordnung ohne Spur (vgl. 7.3.2) 3. Schritt: verdeckte Umordnung (vgl. 7.3.3)	Aufgaben und spielerische Übungen ähnlich wie in den Lernschritten 7.3.1 bis 7.3.3. Übung: Zwei Schüler sitzen sich gegenüber, jeder hat ein Stück Pappe vor sich liegen, auf dem beide die gleiche Anzahl von Elementen *(Spielzeugautos, Klötzchen, Kronkorken, Plättchen, CD-Hüllen mit Münzen)* linear anordnen. Dann schieben sie die Kartons auseinander und ordnen, ohne dass es der Partner sieht, ihre Mengen um. („Die Autos fahren spazieren.“) Anschließend werden die Kartons wieder zusammengeschoben und es wird verglichen, ob beide noch die gleiche Anzahl von Elementen haben (ggf. zunächst, indem die Elemente wieder in eine lineare Anordnung gebracht werden). 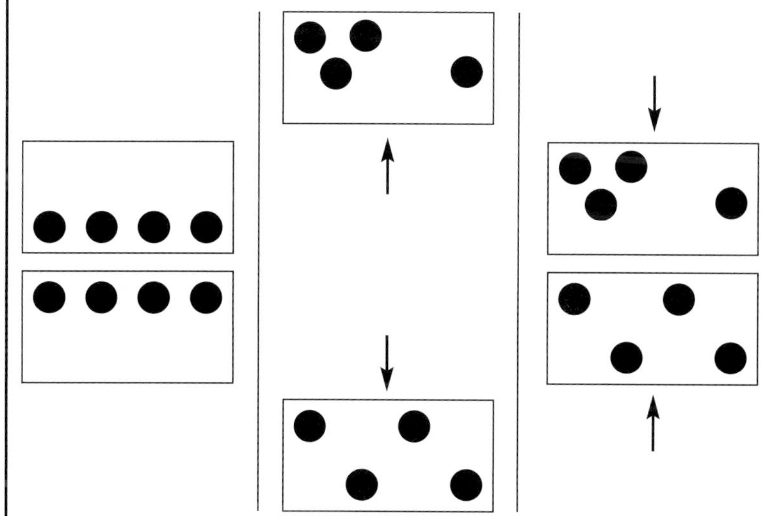 1. Ausgangsposition 2. Umordnung 3. Mengenvergleich

Lernziel	Lernschritte	Didaktisch-methodische Hinweise	Beispiele für den Unterricht / *Medien*
7.4 **Die Schüler sollen 1-zu-1-Zuordnungen herstellen und dann die zugeordneten Mengen vergleichen**	7.4.1 **Mengenvergleich nach konkreter synchroner Zuordnung**	Als Anlässe zum Mengenvergleich können alle Spiele und Wettkämpfe dienen, bei denen zwei Mannschaften Gegenstände gewinnen können. Damit der Mengenvergleich überschaubar bleibt, können die Mannschaften maximal 5 oder 6 Gegenstände gewinnen. Die Ermittlung des Siegers bei diesen Spielen erfolgt durch eine 1-zu-1-Zuordnung der gewonnenen Gegenstände. Dabei müssen die Gegenstände von jeder Mannschaft gleichzeitig in die jeweils entsprechenden Fächer des Rasters eingeordnet werden. 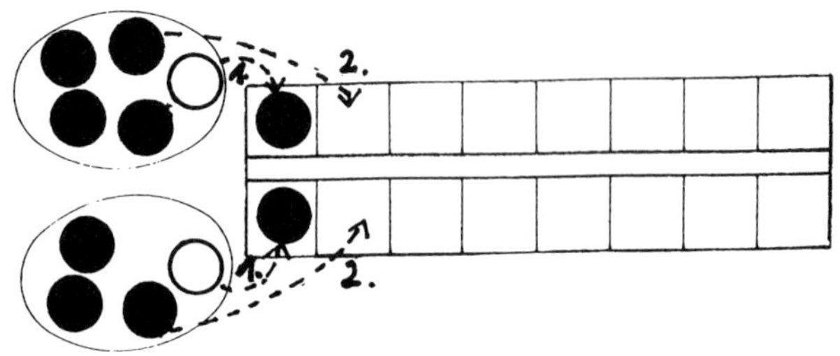 konkrete synchrone Zuordnung Erst nach der synchronen Zuordnung darf der Mengen-Vergleich stattfinden, um den Sieger festzustellen. Die synchrone Zuordnung sollte auch beidhändig von einem Schüler durchgeführt werden. Beginnen die Schüler nicht von sich aus, am Anfang des Rasters einzuordnen, muss ihnen optische Hilfe gegeben werden (Startlinie, Pfeil etc.). Verlassen die Schüler beim Einordnen ihre Reihe, kann farbliche Hilfestellung gegeben werden; ggf. trägt auch ein größerer Mittelabstand zwischen den beiden Reihen des Rasters dazu bei, die eigene Reihe besser zu erkennen.	Mögliche Spiele und Wettkämpfe, bei denen immer zwei Schüler gegeneinander spielen: möglichst viele *Bälle* tragen, möglichst viele *Knicker* auf einem *Löffel* transportieren, *Knicker* in ein Loch rollen, *Pfeile* auf eine *Scheibe* werfen, *Bälle* in einen *Korb* werfen, *Dosen* abwerfen, *Wendeplättchen* werfen, Flohspiel Gegenstände, die als Raster dienen können: *zusammengeklebte Innenteile von Streichholzschachteln (vgl.6.2.2), Getränkekästen, Eierkartons, Pfirsich-Verpackungen, Leitern, Scherenständer, Steckbretter, Hüpfkästchen, Multitopfplatten aus der Gärtnerei, Abtropfregale aus der Spülküche, quadratische Gymnastikmatten, Kästchenmuster etc.*

Lernziel	Lernschritte	Didaktisch-methodische Hinweise	Beispiele für den Unterricht / *Medien*
→ 7.4 **Die Schüler sollen 1-zu-1-Zuordnungen herstellen und dann die zugeordneten Mengen vergleichen**	**7.4.2** **Mengenvergleich nach konkreter asynchroner Zuordnung**	Jetzt wird zuerst ein Gegenstand der einen Menge, dann einer der anderen Menge in das Raster gelegt. Erst nach dem abwechselnden (asynchronen) Zuordnen können die Schüler feststellen, welche der beiden Mengen mächtiger ist, wer mehr hat, wer gewonnen hat. 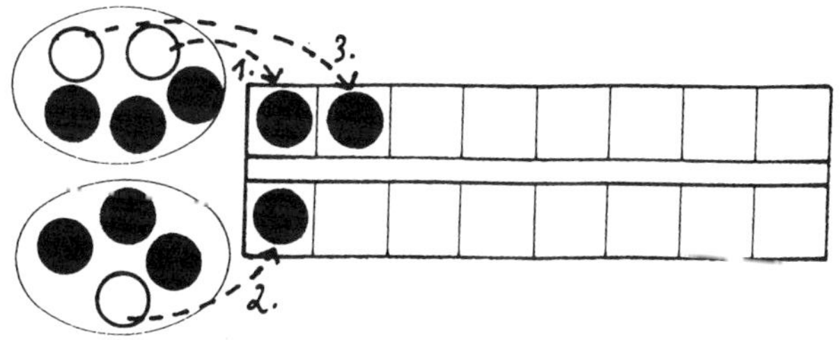 konkrete asynchrone Zuordnung Viereckige Elemente und die Aufgabe, Wege oder Türme zu bauen, bereiten schon den Abbau des Rasters vor (nur für Schüler, die im Raster sicher zuordnen).	Spiele wie in 7.4.1 Schüler A stellt einen *Teller* in die obere Reihe des *Abtropfregals*, dann stellt Schüler B einen *Teller* in die untere Reihe, nun wieder Schüler A in die obere Reihe usw. Wer hat mehr Teller abgetrocknet? Zwei Schüler erhalten jeweils eine Handvoll *Bauklötze*. Um festzustellen, wer mehr hat, können durch abwechselndes Legen Plattenwege hergestellt oder Türme gebaut werden. Wer baut den längeren Weg, den höheren Turm?

Lernziel	Lernschritte	Didaktisch-methodische Hinweise	Beispiele für den Unterricht / *Medien*
➔ 7.4 **Die Schüler sollen 1-zu-1-Zuordnungen herstellen und dann die zugeordneten Mengen vergleichen**	7.4.3 **Mengenvergleich nach konkreter sukzessiver Zuordnung**	In eine Reihe des vorgegebenen Rasters wird erst die eine Menge ganz eingeordnet. Dann wird die zu vergleichende Menge in die andere Reihe des Rasters gegeben. Danach werden die Mengen verglichen und entsprechend benannt: mehr/weniger bzw. gleich viele Dinge. 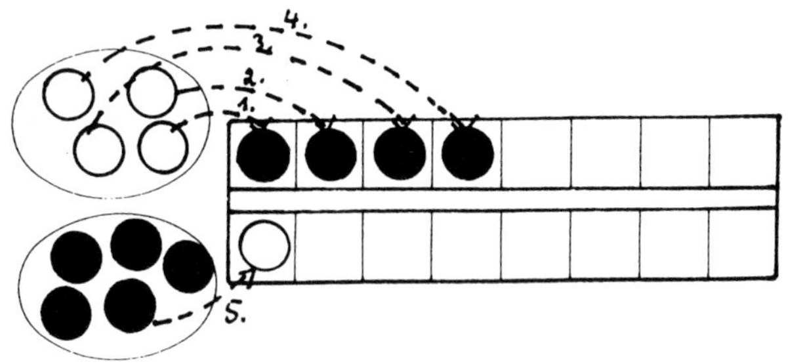 konkrete sukzessive Zuordnung Die Raster liegen zunächst immer waagerecht und werden von links nach rechts mit Gegenständen gefüllt. Als Steigerung der Schwierigkeit kann danach auch in senkrechte Raster und auch von rechts beginnend eingeordnet werden. Dies dient als Vorübung zum Abbau des Rasters. Neben den in 7.4.1 genannten Spielen, die durch ihren Wettbewerbscharakter sehr motivierend sind und die Frage ‚Wer hat mehr?' geradezu provozieren, besteht auch die Möglichkeit, dargebotene Mengen ohne vorheriges Spielen miteinander vergleichen zu lassen.	Es werden z. B. erst alle Klötzchen der einen Menge in die obere Reihe des Steckbrettes gesetzt, dann erst werden die Klötzchen der anderen Menge in die untere Reihe gesteckt. Zwei Mengen *Eier, Flaschen, Teller, Muggelsteine, Knöpfe, Kastanien, Kronkorken, Murmeln, Filmdöschen, Einsteckzylinder etc.* werden miteinander verglichen. Als vorgegebene Raster können *Eierkartons, Getränkekästen, Abtropfregale, Steckbretter etc.* dienen.

Lernziel	Lernschritte	Didaktisch-methodische Hinweise	Beispiele für den Unterricht / *Medien*
→ 7.4 **Die Schüler sollen 1-zu-1-Zuordnungen herstellen und dann die zugeordneten Mengen vergleichen**	**7.4.4** **Mengenvergleich nach zeichnerischer asynchroner Zuordnung**	Der Mengenvergleich auf der zeichnerischen Ebene beinhaltet einige Schwierigkeiten. Eine zeichnerisch dargestellte Punktmenge kann man nur umordnen, indem man jeden einzelnen Punkt durchstreicht und ihn dann an einer anderen Stelle neu aufmalt. Dieser Vorgang birgt erfahrungsgemäß viele Fehlerquellen. Es wird vergessen, einen Punkt durchzustreichen oder aufzumalen, oder Punkte werden doppelt aufgemalt. Dieser Vorgang muss intensiv geübt werden, bis er sicher ausgeführt werden kann. Als Übung wird zunächst nur <u>eine</u> Menge zeichnerisch umgeordnet.	Mehrfaches Bearbeiten des nachstehenden Arbeitsblattes; zunächst mit konkretem Material *(Muggelsteine, Centstücke)* zur Verdeutlichung des Vorgangs, dann auf der zeichnerischen Ebene. → ARBEITSBLATT 7.4.4-1 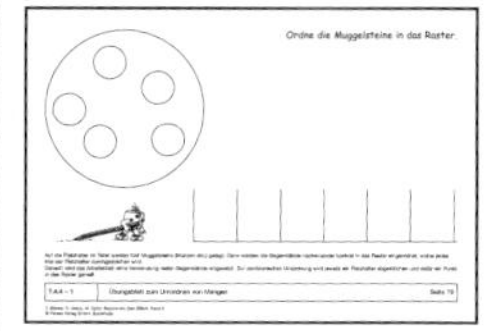
		Nach dieser Vorübung geht es wieder um den Mengenvergleich von zwei – jetzt zeichnerisch dargestellten – Mengen. Wir beginnen die zeichnerische Zuordnung, indem wir die Aufgaben zunächst mit konkreten Gegenständen auf den Arbeitsblättern durchführen. Danach werden die Aufgaben nur noch zeichnerisch gelöst; das heißt, die Elemente verändern ihre Lage nicht mehr, sondern werden abgestrichen und in das jeweilige Raster eingezeichnet.	An der *Magnettafel* oder auf dem *Tageslichtprojektor* werden *Plättchen,* die die zu vergleichenden Mengen darstellen, immer abwechselnd in zwei aufgezeichnete Raster geschoben.
		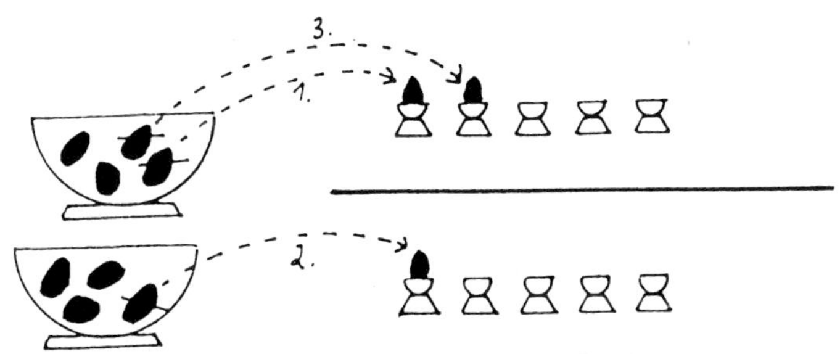	An der *Tafel* und auf entsprechenden Arbeitsblättern werden zwei Mengen (2 *Schüsseln* mit *Eiern*, 2 *Körbe* mit *Bällen*, 2 Mengenschleifen mit *Klötzchen)* durch zeichnerische Zuordnung verglichen, indem jeweils ein Element in der Mengenabbildung ausgestrichen und ins Raster eingezeichnet wird (evtl. mit Verbindungslinien). Dabei wird asynchron vorgegangen. Die Beispiele aus den Abschnitten 7.4.1 bis 7.4.3 können jetzt zeichnerisch gelöst werden.

Lernziel	Lernschritte	Didaktisch-methodische Hinweise	Beispiele für den Unterricht / *Medien*
→ 7.4 **Die Schüler sollen 1-zu-1-Zuordnungen herstellen und dann die zugeordneten Mengen vergleichen**	→ 7.4.4 **Mengenvergleich nach zeichnerischer asynchroner Zuordnung**	Bei der Erstellung der Arbeitsblätter ist zu beachten, dass zunächst sehr großflächiges Arbeiten möglich ist. Schülern mit feinmotorischen Schwierigkeiten wird ein auf DIN A3 vergrößertes Arbeitsblatt angeboten oder die Möglichkeit gegeben, konkrete flache Gegenstände *(Plättchen aus Pappe, etc.)* zuzuordnen. Die einzelnen Elemente der zu vergleichenden Mengen werden zweckmäßigerweise als Kreise, Kringel o. a. dargestellt, dies erleichtert die zeichnerische Zuordnung. Auch die zeichnerische asynchrone Zuordnung soll zunächst mit waagerecht angeordnetem Raster durchgeführt werden. Danach wird auch mit senkrecht angeordnetem Raster das Zuordnen geübt. Nach jedem Zuordnen erfolgt die Mächtigkeitsbeurteilung der zugeordneten Mengen: mehr/weniger bzw. gleich viele. Die Beurteilung geschieht durch entsprechendes Ankreuzen der grauen Antwortkästchen.	Dazu bietet sich die Verwendung von *Arbeitsblättern* an. → ARBEITSBLATT 7.4.4-2 -3 -4 -5 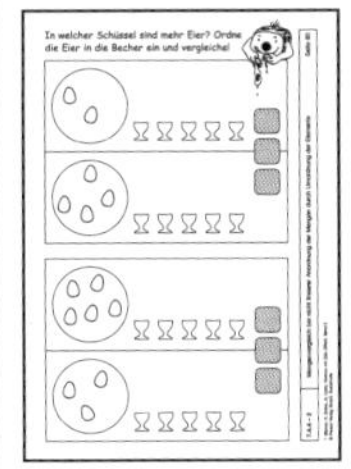 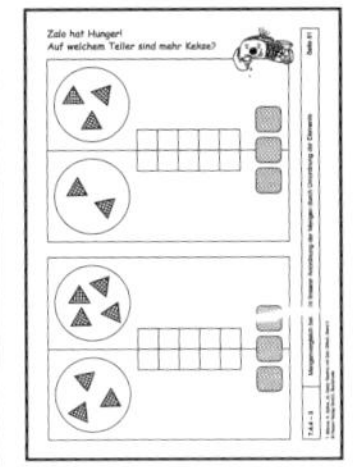 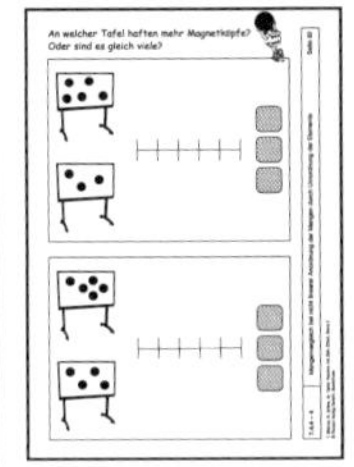 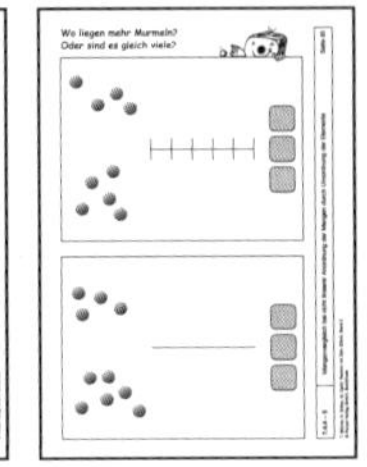 CD Spiel 10: Sind es gleich viele?

Lernziel	Lernschritte	Didaktisch-methodische Hinweise	Beispiele für den Unterricht / *Medien*
➜ 7.4 **Die Schüler sollen 1-zu-1-Zuordnungen herstellen und dann die zugeordneten Mengen vergleichen**	**7.4.5** **Mengenvergleich nach zeichnerischer sukzessiver Zuordnung**	Beim sukzessiven Zuordnen benötigen die Schüler in der Regel zunächst wieder die Hilfe des Rasters, da die Mengen linear angeordnet werden müssen, um verglichen werden zu können. Beherrschen die Schüler die lineare Anordnung, kann auch hier das Raster allmählich abgebaut werden. (Schrittfolge wie in Lernschritt 7.2.2) 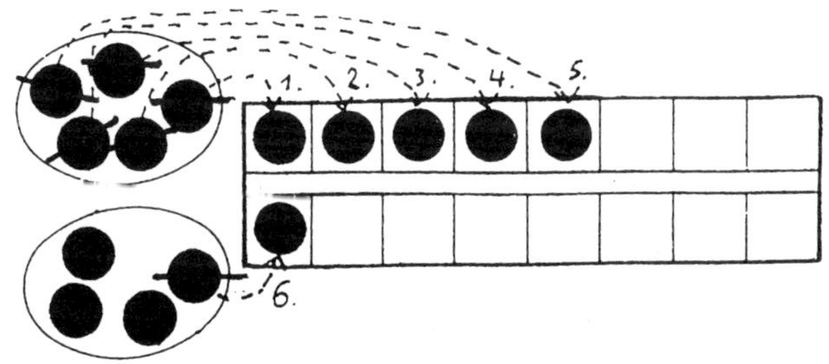 zeichnerische sukzessive Zuordnung Auch hier erfolgt nach jeder Zuordnung der Mengenvergleich.	Zuordnungsaufgaben wie in den Lernschritten 7.4.1 bis 7.4.4 Erneuter Einsatz der Arbeitsblätter 7.4.4-1 bis 7.4.4-5 ➜ ARBEITSBLATT 7.4.5-1 -2 -3 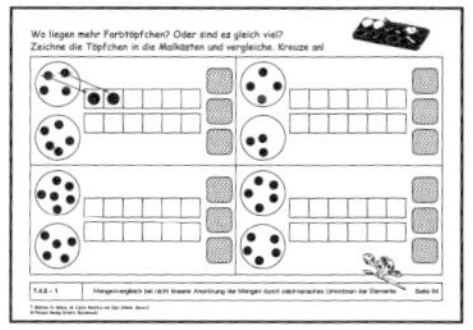 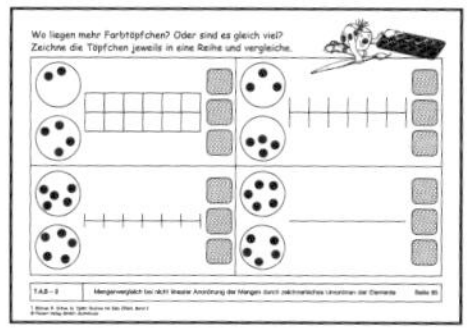 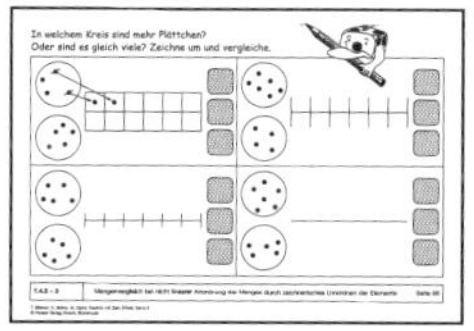

8 Hinführung zur Erkenntnis, dass sich eine Menge entgegen dem optischen Eindruck in ihrer Anzahligkeit nicht verändert, wenn die Elemente in anderer Größe bzw. Form präsentiert werden (Erkenntnis der qualitativen Freiheit)

Liebe große und kleine,
dicke und dünne Kollegen!

Wie so oft im Leben kommt es nicht auf das Aussehen, sondern auf die Persönlichkeit an. Die Schüler sollen erkennen, dass die Elemente einer Menge unterschiedlich aussehen können. Ja, sogar ihre Größe verändern können. Durch dieses unterschiedliche Erscheinungsbild ändert sich die Anzahligkeit der Menge nicht. Ein Apfel kann dick und rund sein. Nach ein paar Wochen ist er klein und runzelig geworden: Er nimmt sich die Freiheit, seine Qualität zu verändern. Wir sprechen also von qualitativer Freiheit, wenn die Elemente einer Menge in unterschiedlicher Form und Größe präsentiert werden. Auch Mengen mit solchen Elementen sollen die Schüler mithilfe der 1-zu-1-Zuordnung vergleichen lernen.

Mit veränderlichen Grüßen
Euer Zalo Zifferli

Erste Anwendung der Erkenntnis der qualitativen Freiheit	Feststellen der Gleichmächtigkeit bei <u>zeichnerischen</u> dargestellten Mengen mit Elementen unterschiedlicher Größe und Form	b) durch zeichnerische sukzessive Zuordnung			
		a) durch zeichnerische asynchone Zuordnung			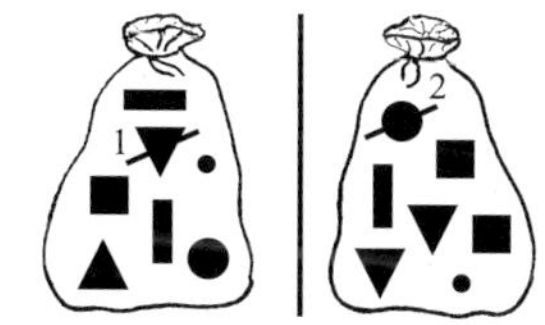
	Feststellen der Gleichmächtigkeit bei <u>konkreten</u> Mengen mit Elementen unterschiedlicher Größe und Form	c) durch konkrete sukzessive Zuordnung	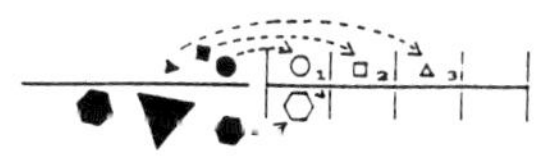	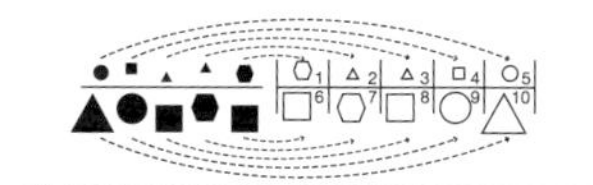	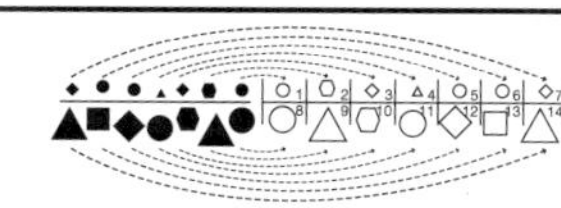
		b) durch konkrete asynchrone Zuordnung	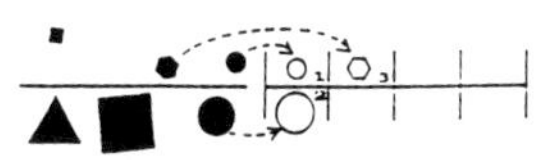	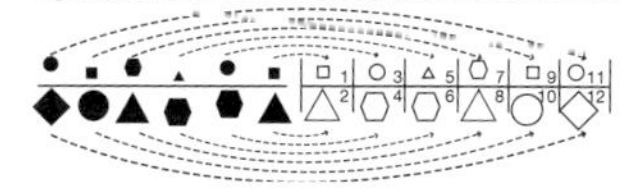	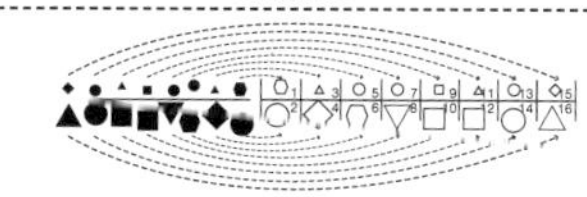
		a) durch konkrete synchrone Zuordnung	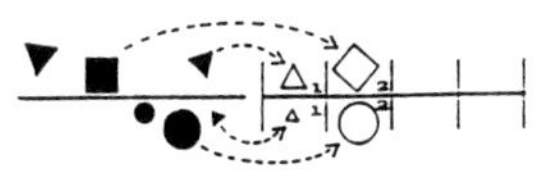	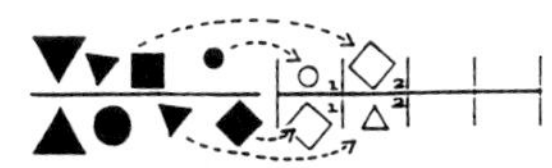	
Erkenntnis der qualitativen Freiheit	Erkenntnis der Gleichmächtigkeit einer Menge	c) bei Veränderung der Größe und Form einzelner Elemente	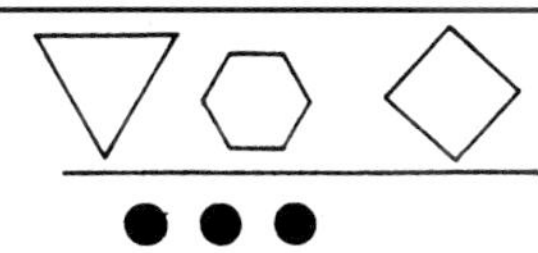	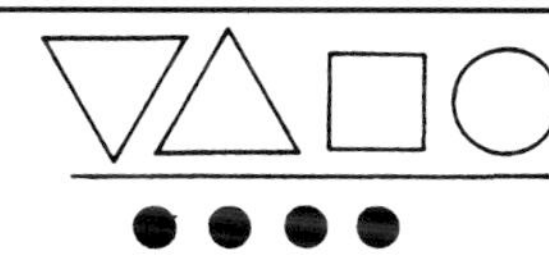	
		b) bei Veränderung der Form einzelner Elemente	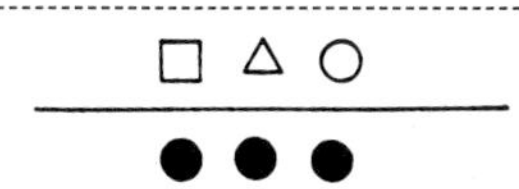	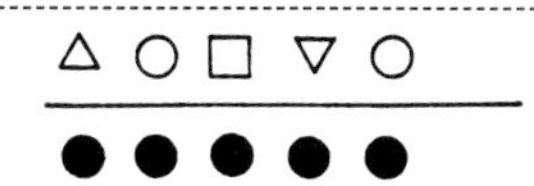	
		a) bei Veränderung der Größe einzelner Elemente	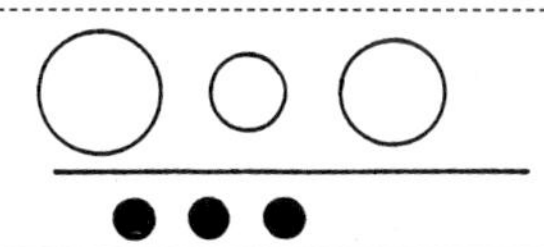	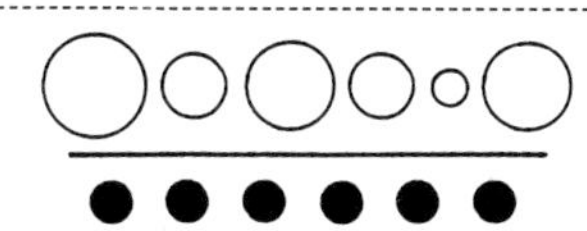	
ELEMENTARERFAHRUNGEN			(Luftballons aufblasen – Luft wieder ablassen/Tücher zusammenfalten – wieder entfalten/Papierfaltübungen		
Niveaustufen ↑		**Komplexitätsstufen →**	simultan erfassbare Mengen (Mengen mit bis zu 3 Elementen) 1. Komplexitätsstufe (2 Klassen)	Mengen mit bis zu 6 Elementen 2. Komplexitätsstufe (2 Klassen)	Mengen mit mehr als 6 Elementen X. Komplexitätsstufe (2 Klassen)

Lernziel	Lernschritte	Didaktisch-methodische Hinweise	Beispiele für den Unterricht / *Medien*
8.2 **Die Schüler sollen erfahren, dass sich eine Menge in ihrer Anzahligkeit nicht verändert, wenn sich die Elemente in ihrer Größe und Form verändern**	**8.2.1** **Erfahrung, dass sich die Größe und die Form einzelner Elemente ändern kann**	Wenn sich Gegenstände in ihrer Größe verändern, ändert sich sehr häufig auch ihre Form. Größenveränderung und Fomveränderung sind oft kaum klar voneinander zu trennen. Deshalb werden in diesem Lernziel beide Möglichkeiten der Veränderung von Elementen gemeinsam erarbeitet. Wenn sich die Größe von Gegenständen ändert, können der optische Eindruck und die ungenaue sprachliche Ausdrucksweise die Einsicht provozieren, dass nach der Größenänderung „mehr“ oder „weniger“ da sei als vorher. Zunächst sollen die Schüler deswegen erfahren und sprachlich auszudrücken lernen, dass ein Gegenstand identisch bleibt, auch wenn sich seine Größe ändert. Beim Mengenvergleich bedeutet „mehr“ bzw. „weniger“ immer „mehr Elemente“ bzw. „weniger Elemente“ und nicht mehr bzw. weniger Volumen.	 Spiel 11: Passt's noch? Vielfältige Experimente mit Gegenständen, die ihre Größe oder Form (Volumen, Länge) verändern können: *Ballons, Kasserbälle, Kasserringe, Schwimmhilfen* aufblasen und die Luft langsam wieder ablassen. In *Luftrüssel* hineinblasen. *Faltschachteln* aufbauen und wieder zusammenlegen. *Softbälle, Schwämme* zusammendrücken, in kleine *Gläser* stecken, wieder herausnehmen und sich wieder ausdehnen lassen. Einen *Bogen Papier (Tücher)* zusammenfalten und wieder auseinanderfalten. *Metallfedern, Spiralen, Gummibänder, Zauberschnüre* auseinanderziehen, die sich dann wieder zusammenziehen. Nach jeder Größenänderung äußern sich die Schüler etwa folgendermaßen: „Eben war mein Luftballon klein, jetzt ist er groß.“ Oder: „Dieser Wasserball ist klein, und der ist groß. Jetzt ist dieser groß und der klein.“

Lernziel	Lernschritte	Didaktisch-methodische Hinweise	Beispiele für den Unterricht / *Medien*
➜ 8.2 **Die Schüler sollen erfahren, dass sich eine Menge in ihrer Anzahligkeit nicht verändert, wenn sich die Elemente in ihrer Größe und Form verändern**	**8.2.2** **Erfahrung, dass sich die Mächtigkeit einer Menge nicht verändert, wenn sich die Größe und die Form einzelner Elemente ändert**	Die Erfahrung, dass die Größenveränderung einzelner Elemente keinen Einfluss auf die Mächtigkeit einer Menge hat, kann am ehesten dadurch vermittelt werden, dass man zwei gleichmächtige Mengen vor und nach der Größenveränderung der Elemente einer Menge durch 1-zu-1-Zuordnung miteinander vergleicht. Ggf. muss die Größenveränderung rückgängig gemacht werden, um zu verdeutlichen, dass sich die Mächtigkeit der Menge nicht verändert hat. Häufiges Wiederholen des Vorgangs trägt dazu bei, dass der optische Eindruck durch die Erfahrung „Es bleiben gleich viele Ballons“ überlagert wird.	In diesem Lernschritt bietet es sich vor allem an, mit *Luftballons* oder *aufblasbaren Bällen* zu arbeiten. Zunächst werden zwei Luftballonmengen (je 3 bis 4 Ballons) in unaufgeblasenem Zustand miteinander verglichen. Um eine lineare Anordnung herzustellen, können die Ballons an zwei parallelgespannten *Wäscheleinen* mit *Klammern* aufgehängt werden. Dann werden die Ballons einer Menge aufgeblasen und mit der anderen Menge verglichen. Entgegen dem optischen Eindruck zeigt die 1-zu-1-Zuordnung, dass die Mächtigkeit gleich geblieben ist. Ggf. Rückordnung durch Ablassen der Luft. Eine ähnliche Erfahrung lässt sich mit *Papierbögen* (DIN A 3) vermitteln: Je drei *Bögen* werden rechts und links einer Linie auf dem Boden ausgelegt. Die Schüler stellen fest: „Es sind auf beiden Seiten der Linie gleich viele Bögen vorhanden.“ Dann werden auf einer Seite die Bögen zusammengefaltet, sodass jeweils nur noch ein Achtel ihrer Fläche sichtbar ist. Jetzt sollen die Schüler beurteilen, ob auf einer Seite der Linie mehr Bögen vorhanden sind oder ob es gleich viele sind. Wenn die Schüler nicht sicher sind, dass es gleich viele geblieben sind, werden zur Anschauung die Bögen wieder entfaltet und dann erneut zusammengefegt. ➜ ARBEITSBLATT 8.2.2-1 -2 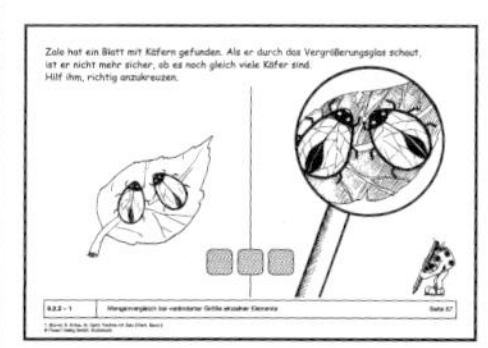 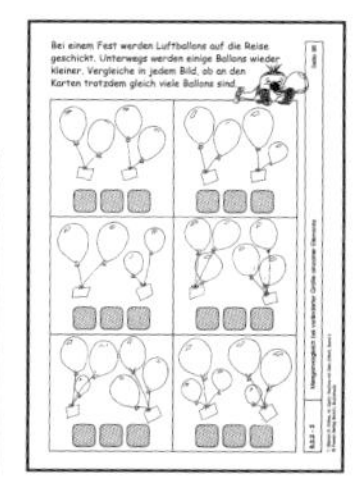

<table>
<tr><th>Lernziel</th><th>Lernschritte</th><th>Didaktisch-methodische Hinweise</th><th>Beispiele für den Unterricht / Medien</th></tr>
<tr>
<td>8.3
Die Schüler sollen erfahren, dass zwei Mengen, deren Elemente sich in Größe und Form unterscheiden, durch 1-zu-1-Zuordnung verglichen werden können</td>
<td>8.3.1
Mächtigkeitsvergleich von Mengen aus konkretem Material</td>
<td>In diesem Lernschritt werden Mengen miteinander verglichen, deren Elemente nicht mehr genau gleich aussehen. Sie unterscheiden sich zunächst in der Größe, dann auch in der Form. Die Schüler sollen erfahren, dass z. B. eine Menge mit drei großen Elementen genauso mächtig ist wie eine Menge mit drei kleinen Elementen. Das Aussehen der Elemente einer Menge (Größe, Form) und die räumliche Ausdehnung bei vorerst symmetrischer Anordnung haben keinen Einfluss auf ihre Anzahligkeit. Auch hier ist wieder ein schrittweises Vorgehen angezeigt:
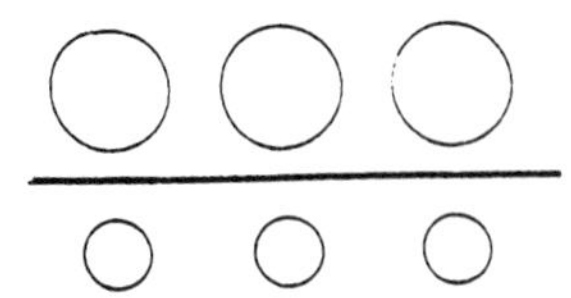
1. Schritt: Vergleich von Mengen mit unterschiedlich großen Elementen
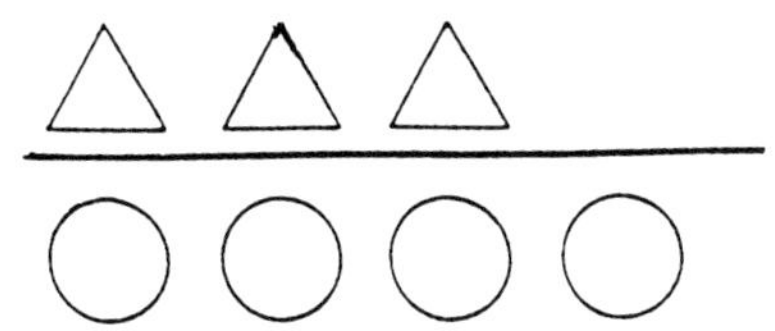
2. Schritt: Vergleich von Mengen mit Elementen unterschiedlicher Form
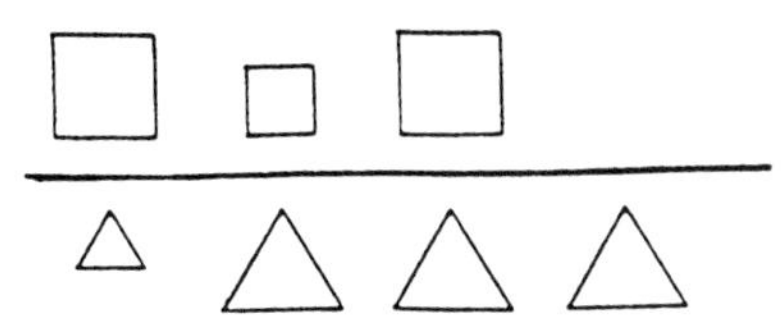
3. Schritt: Vergleich von Mengen mit Elementen unterschiedlicher Form und Größe</td>
<td>CD Spiel 12: Halte das Feld frei
CD Spiel 13: Schätze genau</td>
</tr>
</table>

Lernziel	Lernschritte	Didaktisch-methodische Hinweise	Beispiele für den Unterricht / *Medien*
➜ 8.3 **Die Schüler sollen erfahren, dass zwei Mengen, deren Elemente sich in Größe und Form unterscheiden, durch 1-zu-1-Zuordnung verglichen werden können**	**➜ 8.3.1** **Mächtigkeitsvergleich von Mengen aus konkretem Material**	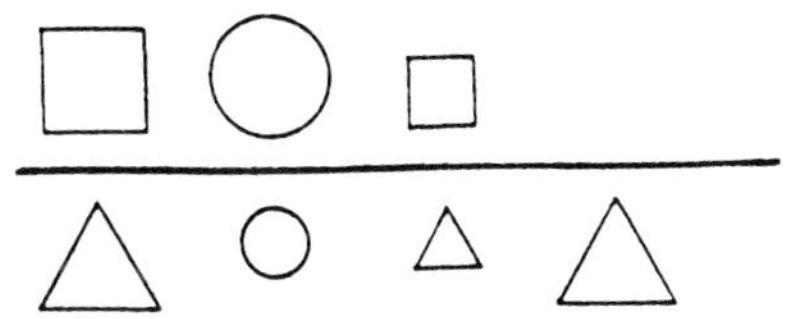 4. Schritt: Vergleich von Mengen mit Elementen unterschiedlicher Form und Größe auch innerhalb einer Menge Die Mächtigkeit der zu vergleichenden Mengen kann langsam von 4 Elementen bis auf 6 Elemente gesteigert werden. Der Mächtigkeitsvergleich erfolgt stets dadurch, dass Mengen in eine lineare Anordnung gebracht werden, die eine klare 1-zu-1-Zuordnung ermöglicht; ggf. kann hier anfänglich noch ein Raster als Umordnungshilfe vorgegeben werden. Diese Hilfestellung sollte jedoch bald wegfallen. Zunächst bestehen die zu vergleichenden Mengen jeweils nur aus großen oder kleinen Elementen gleicher Form, die auch begrifflich deutlich gekennzeichnet werden; z. B.: „Bei unserem Spiel machen Erwachsene und Kinder mit“ (dargestellt durch große und kleine Dreiecke). 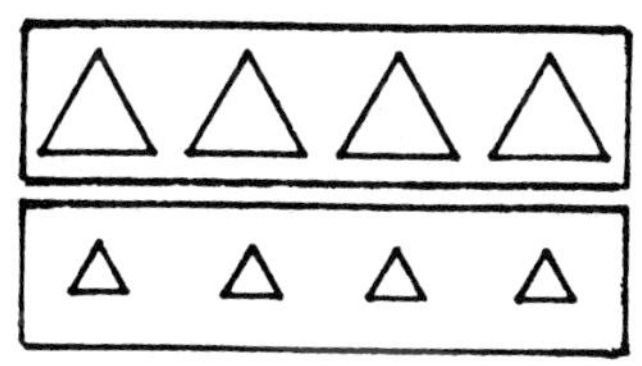	Es bietet sich an, diese Übungssituationen in entsprechende Geschichten einzukleiden. Z. B.: „Zwei Familien, bestehend aus Erwachsenen und Kindern, fahren mit dem Zug in den Zirkus.“ Die Personen werden durch große und kleine *Spielfiguren* oder *Muggelsteine* oder *Dreiecke* dargestellt. „Die Familien treffen sich am Bahnhof. Die Erwachsenen steigen alle in den ersten Wagen, die Kinder in den zweiten.“ Die Figuren werden entsprechend der Geschichte in 2 *Waggons* einer *Spielzeugeisenbahn* eingeordnet. Mengenvergleich, indem die Waggons nebeneinandergestellt werden (1-zu-1-Zuordnung). „Sind mehr Kinder oder mehr Erwachsene im Zug?“

Lernziel	Lernschritte	Didaktisch-methodische Hinweise	Beispiele für den Unterricht / *Medien*
→ 8.3 **Die Schüler sollen erfahren, dass zwei Mengen, deren Elemente sich in Größe und Form unterscheiden, durch 1-zu-1-Zuordnung verglichen werden können**	**→ 8.3.1** **Mächtigkeitsvergleich von Mengen aus konkretem Material**	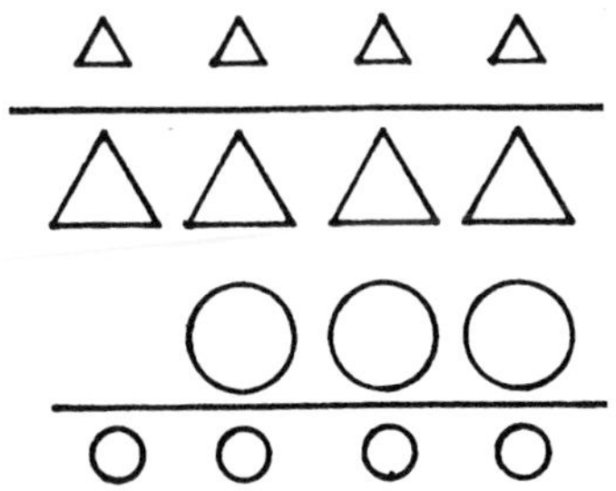 Danach haben die Elemente der zu vergleichenden Mengen unterschiedliche Formen. 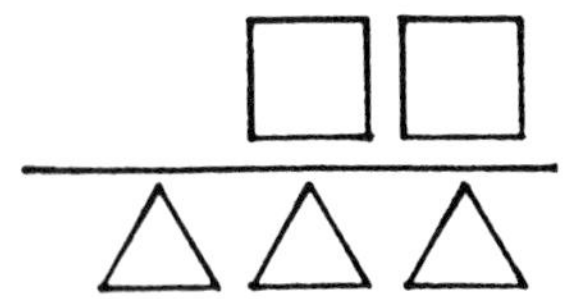 Vergleich von Mengen mit unterschiedlicher Form und Größe. 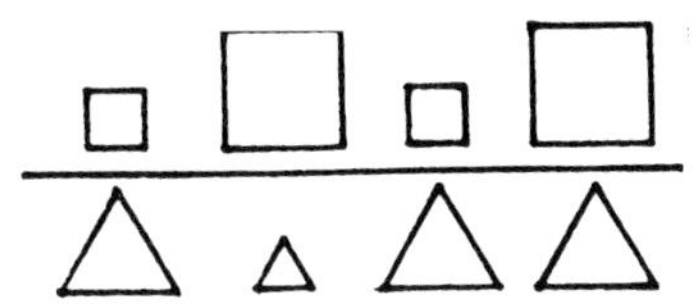	„Die Familien gehen in den Zirkus. Die Kinder sitzen in einer Reihe vor den Erwachsenen.“ Nach entsprechender linearer Anordnung der *Spielfiguren (Dreiecke, Muggelsteine)* erfolgt ein erneuter Mengenvergleich. „Im Zirkus jonglieren zwei Clowns mit Bällen. Einer hat große Bälle, der andere kleine. Wer hat mehr Bälle?“ „Im Zirkus treten Elefanten und Pferde gemeinsam auf.“ Die Elefanten werden durch *Quadrate*, die Pferde durch *Dreiecke* dargestellt. „Sind mehr Elefanten oder mehr Pferde in der Manege?“ „Jetzt kommen noch kleine Elefanten *(= kleine Quadrate)* und kleine Pferde *(= kleine Dreiecke)* hinzu. Sind jetzt mehr Elefanten oder mehr Pferde da?“ Auch spielerische Übungen mit Wettbewerbscharakter bieten sich als Übungsmöglichkeit an: Aufgabe: Aus einem *Säckchen*, in dem sich *große* und *kleine Dreiecke (Formenplättchen)* befinden, sollen mit einem Handgriff möglichst viele herausgeholt werden. Ein zweiter Schüler greift in ein Säckchen mit *Kreisen*. „Wer hat mehr Gegenstände gegriffen?“ Aufgabe: Aus einem *Säckchen*, in dem sich alle *Formenplättchen* befinden, wird jeweils eine Handvoll herausgegriffen. „Wer hat mehr Gegenstände gegriffen?“

Lernziel	Lernschritte	Didaktisch-methodische Hinweise	Beispiele für den Unterricht / *Medien*
➔ 8.3 **Die Schüler sollen erfahren, dass zwei Mengen, deren Elemente sich in Größe und Form unterscheiden, durch 1-zu-1-Zuordnung verglichen werden können**	**8.3.2** **Mächtigkeitsvergleich von zeichnerisch dargestellten Mengen**	In diesem Lernschritt werden immer zwei zeichnerisch dargestellte Mengen bezüglich ihrer Mächtigkeit miteinander verglichen. Die Mengen sollen zunächst eine geringe Mächtigkeit haben (3 bis 4 Elemente). Die Mengen müssen eindeutig voneinander zu unterscheiden sein, z. B. durch die Darstellung in Mengenschleifen, durch farbliche Kennzeichnung oder durch klare räumliche Trennung (Trennungslinie etc.). Es ist darauf zu achten, dass die dargestellten Mengen zunächst noch weitgehend linear und einander gegenüber angeordnet sind, damit eine problemlose 1-zu-1-Zuordnung möglich ist. Als Steigerung der Schwierigkeit werden dann auch Mengen in flächiger Anordnung angeboten. • Der Mächtigkeitsvergleich erfolgt, indem jeweils ein Element der einen Menge mit einem Element der anderen durch einen Strich verbunden wird. • Später kann der Strich ggf. nur durch Andeuten der Verbindungslinien mit dem Finger ersetzt werden. • Als weitere Steigerung der Schwierigkeit kann der Mengenvergleich durch sukzessives Abstreichen der Elemente erfolgen.	Auf *Arbeitsblättern* werden die zu vergleichenden Mengen in unterschiedlicher Anordnung bei steigendem Schwierigkeitsgrad dargestellt . ➔ ARBEITSBLATT 8.3.2-1 -2 -3 [8.3.2-4] 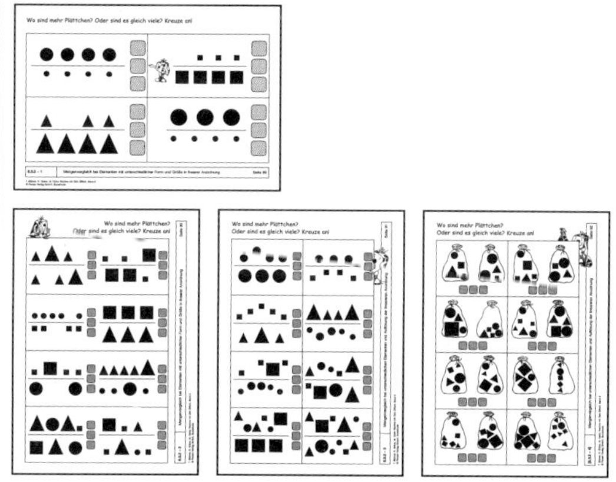

9 Invarianz (Verbindung der Erkenntnis der strukturellen und der qualitativen Freiheit)

Liebe Kollegen,

egal wie ihr ausseht und wo ihr euch gerade befindet! Wenn die Schüler uns mit Mantel auf dem Schulhof, mit Lesebrille in der Klasse und mit Sportzeug in der Turnhalle als ein und dieselbe Person erkennen, haben Sie schon eine erste Ahnung von der Invarianz ... Konkret sollen die Schüler in diesem Kapitel vorgegebene Mengen in ihrer Anzahligkeit nachbilden. Dabei dürfen sie sich nicht von dem sehr unterschiedlichen Aussehen und der Anordnung der Elemente verwirren lassen.

Mit invariantem Gruß
Euer Zalo Zifferli

Lernstrukturgitter Invarianz

Flächig angeordnete Mengen	b) zeichnerisch nachbilden	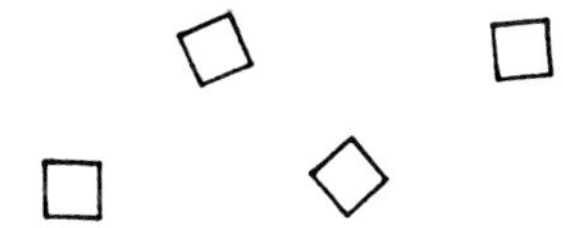 Menge wird nachgebildet, indem für jedes Element ein Strich oder Punkt aufgezeichnet wird.	 Menge wird nachgebildet, indem für jedes Element ein Strich oder Punkt aufgezeichnet wird.	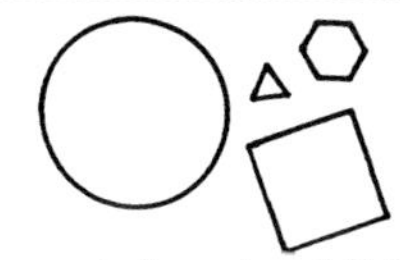 Menge wird nachgebildet, indem für jedes Element ein Strich oder Punkt aufgezeichnet wird.
	a) konkret nachbilden	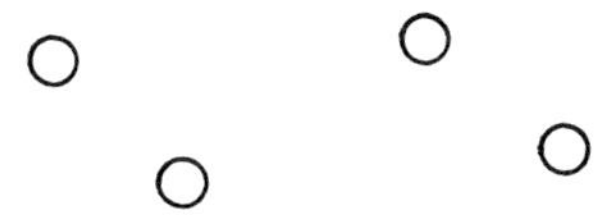 Menge wird mit Stäbchen (Streichhölzern) oder Muggelsteinen nachgelegt.	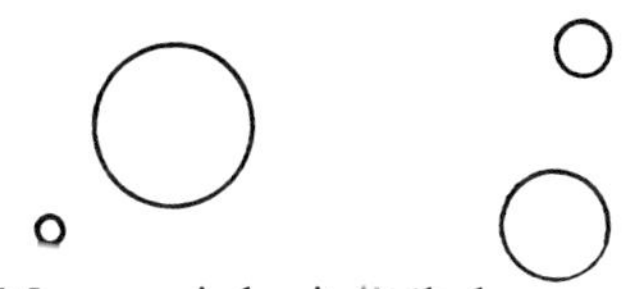 Menge wird mit Stäbchen (Streichhölzern) oder Muggelsteinen nachgelegt.	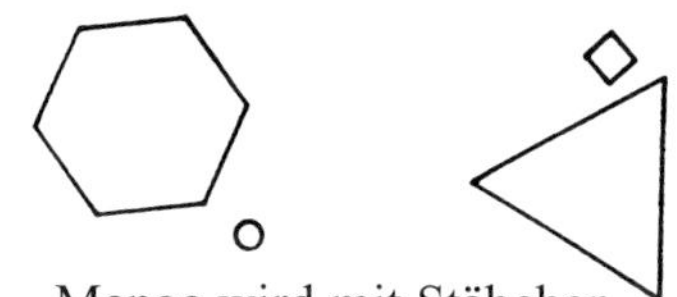 Menge wird mit Stäbchen (Streichhölzern) oder Muggelsteinen nachgelegt.
Linear angeordnete Mengen	b) zeichnerisch nachbilden	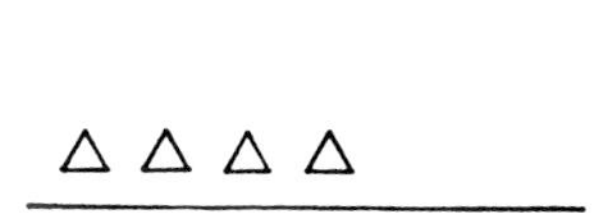 Menge wird nachgebildet, indem für jedes Element ein Strich oder Punkt aufgezeichnet wird.	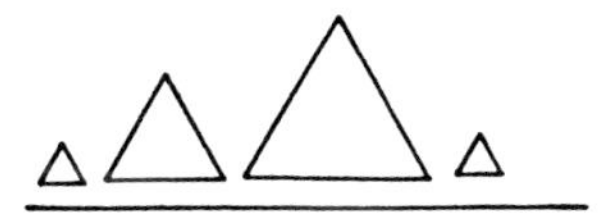 Menge wird nachgebildet, indem für jedes Element ein Strich oder Punkt aufgezeichnet wird.	 Menge wird nachgebildet, indem für jedes Element ein Strich oder Punkt aufgezeichnet wird.
	a) konkret nachbilden	 Menge wird mit Stäbchen (Streichhölzern) oder Muggelsteinen nachgelegt.	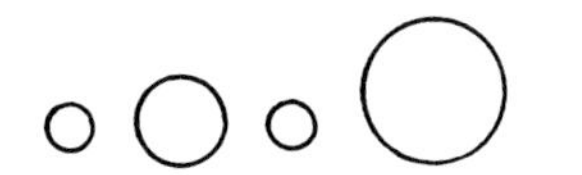 Menge wird mit Stäbchen (Streichhölzern) oder Muggelsteinen nachgelegt.	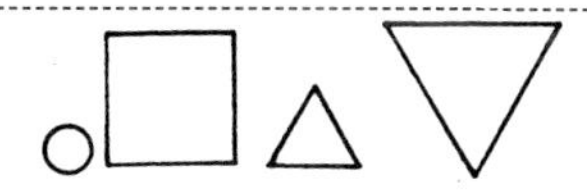 Menge wird mit Stäbchen (Streichhölzern) oder Muggelsteinen nachgelegt.
Niveaustufen ↑	**Komplexitätsstufen →**	Elemente gleicher Form in gleicher Größe 1. Komplexitätsstufe	Elemente gleicher Form in unterschiedlicher Größe 2. Komplexitätsstufe	Elemente unterschiedlicher Form in unterschiedlicher Größe X. Komplexitätsstufe
		Die Komplexität kann außerdem durch die Erhöhung der Anzahl der Elemente gesteigert werden.		

Lernziel	Lernschritte	Didaktisch-methodische Hinweise	Beispiele für den Unterricht / *Medien*
9.2 **Die Schüler sollen Mengen vorgegebener Mächtigkeit nachbilden**	**9.2.1** **Nachbilden mit konkretem Material bei linearer Anordnung der Menge**	Als Wiederholung sollen linear angeordnete Mengen geringer Mächtigkeit (Beschränkung zunächst auf 4 Elemente je Menge, dann max. 6 Elemente je Menge) und aus gleichem Material nachgebildet werden. Schrittweise werden dann die Eigenschaften der Elemente (Farbe, Form, Größe) geändert. Die Schüler sollen die vorgegebene Menge durch 1-zu-1-Zuordnung nachbilden, indem sie nur die Mächtigkeit der Menge beachten und von den Eigenschaften der Elemente absehen. Auch die lückenlose Anordnung der Elemente wird nach und nach aufgehoben. Gleiche Elemente in waagerechter, lückenloser Anordnung im Raster 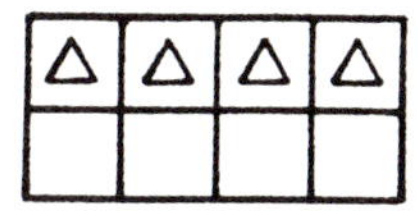 Unterschiedliche Elemente in waagerechter, unterbrochener Anordnung bei teilweiser Auflösung des Rasters 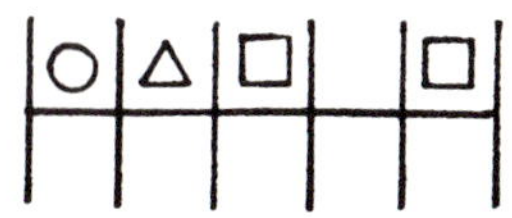 Unterschiedliche Elemente in waagerechter, unterbrochener Anordnung bei weitgehender Auflösung des Rasters  Unterschiedliche Elemente in waagerechter, unterbrochener Anordnung ohne Raster  Unterschiedliche Elemente in senkrechter, unterbrochener Anordnung bei weitgehender Auflösung des Rasters 	Partnerarbeit: Ein Schüler ordnet eine Menge *Plättchen (Bausteine, Muggelsteine)* gleicher Farbe und Größe linear an. Sein Partner legt eine gleichmächtige Menge darunter. Danach erfolgt die gleiche Übung mit *Plättchen (Bau- oder Muggelsteinen)* unterschiedlicher Farbe und Größe. Nachgelegt werden muss immer die gleiche Anzahl *Plättchen*, das (Aussehen der Elemente (Farbe, Form, Größe) hat keine Bedeutung. Die Lehrkraft gibt die Anordnung einer Menge – wie nebenstehend aufgezeichnet – mit *Formenplättchen* vor. Aufgabe der Schüler ist es, eine zweite Menge gleicher Mächtigkeit darunterzulegen, wobei das Aussehen der Elemente (Farbe, Form, Größe) beliebig ist. Auf *Arbeitsblättern* vorgegebene Mengen sollen mit beliebigem konkretem Material nachgebildet werden. ➜ ARBEITSBLATT 9.2.1-1 -2 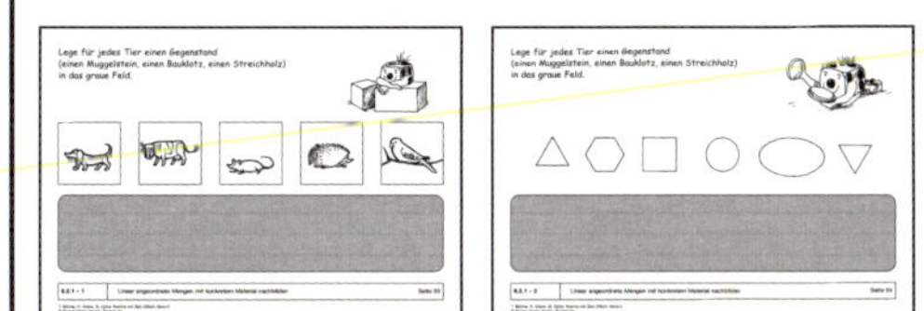 Ein Schüler zeichnet eine Strich- oder Punktmenge. Ein zweiter Schüler bildet diese Menge mit beliebigem konkretem Material nach.

Lernziel	Lernschritte	Didaktisch-methodische Hinweise	Beispiele für den Unterricht / *Medien*
➜ 9.2 **Die Schüler sollen Mengen vorgegebener Mächtigkeit nachbilden**	**9.2.2** **Zeichnerisches Nachbilden bei linearer Anordnung der Menge**	Jetzt werden vorgegebene Mengen (mit einer Mächtigkeit von 4 Elementen, dann max. 6 Elementen) zeichnerisch nachgebildet. Dabei kommt es nicht darauf an, die Form, Größe oder Farbe einzelner Elemente wiederzugeben, sondern es soll nur die Mächtigkeit der vorgegebenen Menge dargestellt werden. Hierzu reicht es aus, für jedes Element der Menge einen Kringel (Strich, Punkt) zu zeichnen. Die vorgegebene Menge soll in diesem Lernschritt noch linear angeordnet sein. Die Vorgabe kann aus konkretem Material oder aus einer Zeichnung bestehen. Der Schwierigkeitsgrad kann – wie in Lernschritt 9.2.1 beschrieben – langsam gesteigert werden.	Partnerarbeit: Ein Schüler ordnet eine Menge *Plättchen (Bausteine, Muggelsteine)* gleicher Farbe und Größe linear an. Sein Partner macht davon eine Zeichnung. Danach erfolgt die gleiche Übung mit *Formenplättchen*. Obwohl die Elemente jetzt unterschiedliche Farbe, Form und Größe haben, soll der zweite Schüler nur die Anzahl der Elemente zeichnen, indem er für jedes Element einen Kringel oder Strich notiert. Als Merkhilfe kann das jeweils notierte Element zur Seite geschoben werden. ➜ ARBEITSBLATT 9.2.2-1 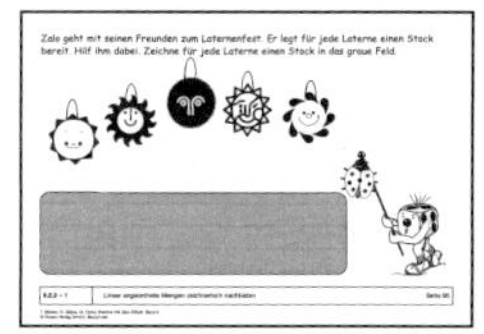

<table>
<tr><th>Lernziel</th><th>Lernschritte</th><th>Didaktisch-methodische Hinweise</th><th>Beispiele für den Unterricht / Medien</th></tr>
<tr>
<td>➜ 9.2
Die Schüler sollen Mengen vorgegebener Mächtigkeit nachbilden</td>
<td>9.2.3
Nachbilden mit konkretem Material bei flächiger Anordnung der Menge</td>
<td>In diesem Lernschritt wird die Schwierigkeit gesteigert, indem die Elemente der vorgegebenen Menge nicht mehr linear angeordnet sind, sondern flächig. Bei flächiger Anordnung fällt das Nachbilden der Menge schwerer, da eine unmittelbare 1-zu-1-Zuordnung nicht mehr möglich ist. Hierbei gibt es mehrere Möglichkeiten der Hilfe und Kontrolle:

• Um festzustellen, ob tatsächlich die richtige Anzahl von Elementen nachgebildet wurde, kann jeweils ein Element der nachgebildeten Menge auf ein Element der vorgegebenen Menge gelegt werden.

• Die entsprechenden Elemente der Mengen können jeweils durch einen Strich miteinander verbunden werden.

• Die Elemente der vorgegebenen Menge können durch Umordnung in eine lineare Anordnung gebracht und so leichter mit der nachgebildeten Menge verglichen werden.

Diese Hilfen müssen nach und nach abgebaut werden.

Die Elemente der vorgegebenen Menge sollten sich in allen Eigenschaftskategorien (Form, Größe, Farbe) unterscheiden. Nach Durchführung dieses Lernschrittes muss den Schülern bewusst sein, dass es nur darauf ankommt, die Mächtigkeit der Menge nachzubilden; von den Eigenschaften der Elemente muss abgesehen werden können.</td>
<td>Gruppenarbeit (4 bis 6 Schüler): Ein Schüler greift mit einer Hand aus einer Dose ein paar Formenplättchen, Bau- und Muggelsteine heraus und lässt sie auf den Tisch fallen. Sein Nachbar muss eine gleichmächtige Menge nachbilden, indem er so lange je ein Element aus der Dose nimmt und am Tischrand anordnet, bis die Mengen gleichmächtig sind. Die übrigen Schüler kontrollieren dann, ob beide Mengen tatsächlich gleich viele Elemente haben. Ggf. wird dazu die vorgegebene Menge mit einem Lineal so zusammengeschoben, dass auch sie linear angeordnet ist. Dann darf der nächste Schüler eine Menge vorgeben.

Auf Arbeitsblättern sind Mengendiagramme vorgezeichnet. Die Schüler sollen auf einer vorgegebenen Linie eine gleichmächtige Menge nachbilden, indem sie beliebige Elemente (Klötzchen, Formenplättchen etc.) auf diese Linie auflegen. Als Merkhilfe können auch hier die bereits nachgebildeten Elemente jeweils einzeln gekennzeichnet oder mit der Hand abgedeckt werden.

➜ ARBEITSBLATT 9.2.3-1

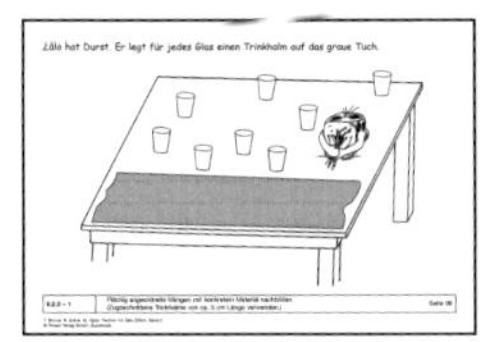</td>
</tr>
</table>

Lernziel	Lernschritte	Didaktisch-methodische Hinweise	Beispiele für den Unterricht / *Medien*
➔ 9.2 **Die Schüler sollen Mengen vorgegebener Mächtigkeit nachbilden**	**9.2.4** **Zeichnerisches Nachbilden bei flächiger Anordnung der Menge**	Die Mengen werden – wie im Lernschritt 9.2.2 – aus konkretem Material oder zeichnerisch vorgegeben, jedoch sind die Elemente jetzt flächig angeordnet. Eine Umordnung erfolgt nicht mehr. Verbindungslinien zwischen den Elementen der vorgegebenen und nachgebildeten Menge dürfen nicht mehr gezogen werden. Die Nachbildung erfolgt in linearer Anordnung. Da die Schüler wissen, dass die Eigenschaftskategorien der Elemente für die Mächtigkeit der Menge nicht von Bedeutung sind, kann die Nachbildung sich wieder auf Kreise, Punkte oder Striche beschränken, sodass am Ende des Lernprozesses nur noch Strichlisten erstellt werden. Sind die Schüler in der Lage, sicher nachzubilden, kann die Anzahl der Elemente über 6 hinaus erweitert werden.	Übungen ähnlich wie in Lernschritt 9.2.3, jedoch werden die Mengen jetzt zeichnerisch nachgebildet, indem auf einem *Blatt* mit zunächst vorgegebener Linie für jedes Element der Menge ein Kreis, Punkt oder Strich gezeichnet wird. Später wird auch die Linie weggelassen; die Schüler notieren dann auf einem Blankozettel die Mächtigkeit der Menge. 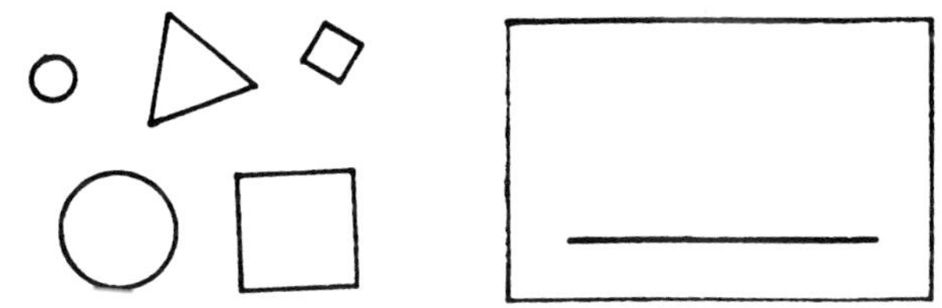 Als Strichlisten lassen sich auch Mengen aus dem Klassenraum oder der näheren Umgebung nachbilden; die Menge der Blumentöpfe auf der Fensterbank, der Bücher im Regal, der Bilder an der Wand usw. CD Spiel 14: Stationslauf

10 Klassifikation

Liebe Klassenlehrer!

Jetzt kommt endlich Ordnung in die Menge, denn gleich zu gleich gesellt sich gern. So wie wir bei der Klassenbildung Schüler gleichen Alters in einer Klasse zusammenfassen, sollen die Schüler jetzt Mengen zusammenfassen. Das einzige Ordnungskriterium dabei ist die Anzahligkeit. Alle Mengen mit zwei Elementen bilden eine Klasse. Alle Mengen mit drei Elementen bilden eine andere Klasse usw. So kann jede Menge ihrer Klasse zugeordnet (klassifiziert) werden.

Mit klassischen Grüßen
Euer Zalo Zifferli

Lernziel	Lernschritte	Didaktisch-methodische Hinweise	Beispiele für den Unterricht / *Medien*
10.1 **Die Schüler sollen vorgegebenen Mengen gleichmächtige Mengen zuordnen**	**10.1.1** **Viele Mengen zu einer vorgegebenen Menge herstellen (Vorbereitung der Klassifikation)**	In den vorangegangenen Lernschritten wurden die Schüler zu der Erkenntnis geführt, dass die Mächtigkeit einer Menge weder von der Anordnung noch von den Eigenschaften ihrer Elemente beeinflusst wird. In den folgenden Schritten soll die Einsicht gefestigt werden, dass allein die Mächtigkeit das Merkmal ist, nach dem Mengen klassifiziert werden. Deswegen werden zunächst zu einer vorgegebenen Menge mehrere gleichmächtige Mengen hergestellt. Diese brauchen dann nicht mehr mit der Ursprungsmenge verglichen zu werden, denn sie sind ja absichtlich ‚gleich'-mächtig hergestellt worden. Die Mächtigkeit der Menge sollte in diesem Lernschritt zunächst aus 4 Elementen und dann aus max. 6 Elementen bestehen. Die Ursprungsmenge kann in verschiedenen Abstraktionsgraden vorgegeben werden: - aus konkreten Elementen mit unterschiedlichen Eigenschaften (z. B. Formenplättchen), - als zeichnerische Darstellung oder - als Strichliste.	Die Schüler bilden zu einer Ursprungsmenge, die von der Lehrkraft vorgegeben wird, weitere gleichmächtige Mengen, indem sie - die Wagen einer *Spielzeugeisenbahn* jeweils mit gleich vielen *Bauklötzen* beladen. - jedem Mitspieler für ein Murmelspiel gleich viele *Murmeln* austeilen. - im Sportunterricht je gleich viele *Bälle* in *Körbe* oder *Reifen* legen. - jedem Mitspieler gleich viele *Karten* für ein Kartenspiel (z. B. „Lügen und Betrügen") austeilen. - Holzperlenketten herstellen und dabei abwechselnd immer gleich viele *Perlen* einer Farbe aufreihen (Z. B.: 4 rote, 4 gelbe, 4 rote usw.) - in *Leinensäckchen* jeweils gleich viele *Muggelsteine* füllen; danach taktile Kontrolle, ob jedes Säckchen gleich viele Steine enthält.

Lernziel	Lernschritte	Didaktisch-methodische Hinweise	Beispiele für den Unterricht / *Medien*
➔ 10.1 **Die Schüler sollen vorgegebenen Mengen gleichmächtige Mengen zuordnen**	**10.1.2** **Viele Mengen zu einer Menge herstellen, die durch eine Situation vorgegeben wird (Vorbereitung der Klassifikation)**	Jetzt wird die Ursprungsmenge nicht mehr durch Gegenstände oder Abbildungen vorgegeben, sondern durch eine Situation: Die Schüler kennen aus konkreten Alltagserfahrungen schon Mengen bestimmter Mächtigkeit. Im situativen Umgang mit diesen Mengen beachten sie deren Mächtigkeit, obwohl sie noch nicht zählen können. Hier ist also eine Situation oder eine Handlung mit der Mächtigkeit einer Menge verknüpft. Die Mengen können nach diesen Situationen benannt werden. Die Mächtigkeit muss zunächst gering sein. Bekannte Alltagserfahrungen und -Situationen werden bewusst erlebt. Im nächsten Schritt wird auf diese Erfahrungen zurückgegriffen: Die Schüler werden aufgefordert, die in einer Situation oder Handlung erfahrene Mächtigkeit einer Menge mit strukturiertem Material (z. B. Muggelsteinen) nachzulegen.	„Teile an jeden Schüler *Laufdollies (Stelzen, Rollschuhe, Sportschuhe, Schwimmflügel, Arbeitshandschuhe, Ohrklipse)* aus.“ (2er-Menge) Im Essraum stehen Tische, an denen jeweils 4 Personen Platz finden: „Wir wollen die Tische decken. Stelle für jeden Tisch die *Teller* bereit.“ (4er-Menge) Wir bauen mit *Legosteinen* Autos: „Lege für jedes Auto die Räder bereit.“ (4er-Menge) Wir machen uns schick: „Lege *Schmuckringe* für jeden Finger einer Hand bereit!“ (5er-Menge) „Lege immer so viele Muggelsteine heraus, - wie ein Schüler Schwimmflügel benötigt.“ - wie Reifen an einem Auto sind.“ - wie Teller auf einem Tisch im Essraum stehen.“ - wie Finger an einer Hand sind.“
	10.1.3 **Mengen verschiedener Mächtigkeit den entsprechenden Klassen zuordnen (Klassifikation)**	Klassifizieren bedeutet, Mengen gleicher Mächtigkeit einander zuordnen. Bisher haben die Schüler linear angeordnete Mengen miteinander verglichen und sie durch Hinzufügen oder Wegnehmen von Elementen gleichmächtig gemacht. Zu einer vorgegebenen Menge haben sie eine zweite Menge mit gleicher Mächtigkeit hergestellt. Diese Aufgaben ließen sich alle durch 1-zu-1-Zuordnung lösen.	(Es bestand aber die Möglichkeit, durch simultanes Erfassen von Mengen oder Teilmengen schneller zur Lösung zu gelangen. Sicher haben einige Schüler diese Möglichkeit schon erkannt und genutzt.)

Lernziel	Lernschritte	Didaktisch-methodische Hinweise	Beispiele für den Unterricht / *Medien*
➜ 10.1 **Die Schüler sollen vorgegebenen Mengen gleichmächtige Mengen zuordnen**	**➜ 10.1.3** **Mengen verschiedener Mächtigkeit den entsprechenden Klassen zuordnen (Klassifikation)**	Solange man noch nicht über das Hilfsmittel des Abzählens verfügt, ist es erforderlich, die Anzahl der Elemente einer Menge möglichst simultan zu erfassen, um die Menge klassifizieren zu können.	
		Als Vorübung werden deshalb jeweils zwei Mengen miteinander verglichen und es wird entschieden, ob sie gleichmächtig sind oder nicht. Erst wenn die Schüler hierin Sicherheit gewonnen haben, sollte mit den eigentlichen Übungen zur Klassifikation begonnen werden.	Auf zwei Tellern liegen bis zu 3 (ggf.4) Gegenstände. Die Schüler entscheiden, ob auf beiden Tellern gleich viele Gegenstände liegen. ➜ ARBEITSBLATT 10.1.3-1 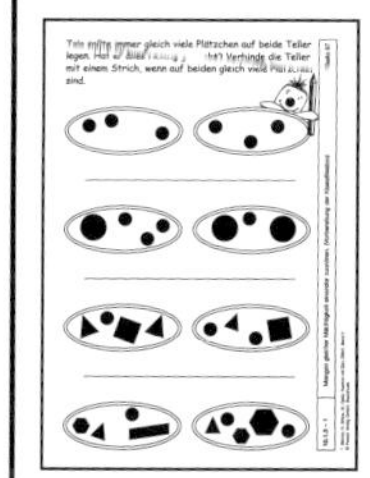
		Danach erfolgt in kleinen Schritten die Hinführung zur Klassifikation. Bei den ersten Übungen dürfen nur Mengen mit simultan erfassbarer Mächtigkeit (2 oder 3 Elemente) angeboten werden.	Mit *Mengenkärtchen* werden Übungen zur Klassifikation durchgeführt. Es wird wieder schrittweise vorgegangen:

Lernziel	Lernschritte	Didaktisch-methodische Hinweise	Beispiele für den Unterricht / *Medien*
➜ 10.1 **Die Schüler sollen vorgegebenen Mengen gleichmächtige Mengen zuordnen**	**➜ 10.1.3** **Mengen verschiedener Mächtigkeit den entsprechenden Klassen zuordnen (Klassifikation)**	Eine 2er- und eine 3er-Menge werden vorgegeben, der Schüler erhält nur 2er-Mengen, die er zuordnen soll.	1. Schritt: 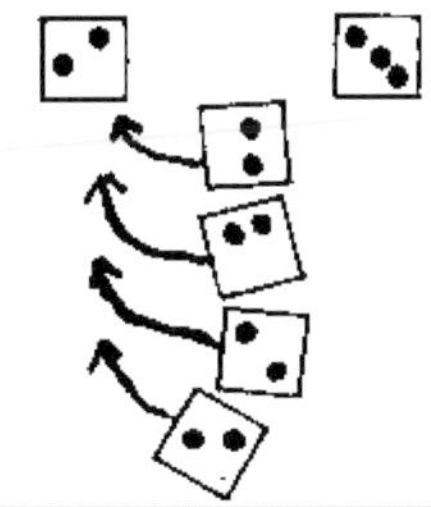
		Eine 2er- und eine 3er-Menge werden vorgegeben, der Schüler erhält nur 3er-Mengen, die er zuordnen soll.	2. Schritt: 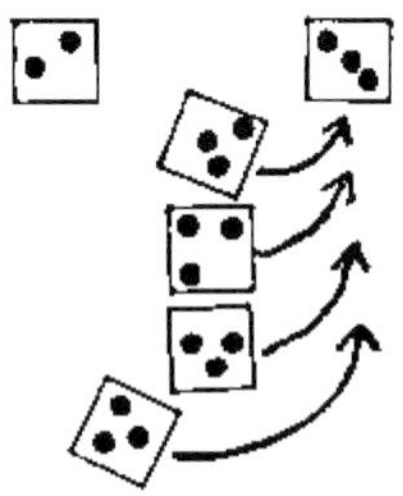
		Eine 2er- und eine 3er-Menge werden vorgegeben, der Schüler erhält 2er- und 3er-Mengen, die er zuordnen soll.	3. Schritt 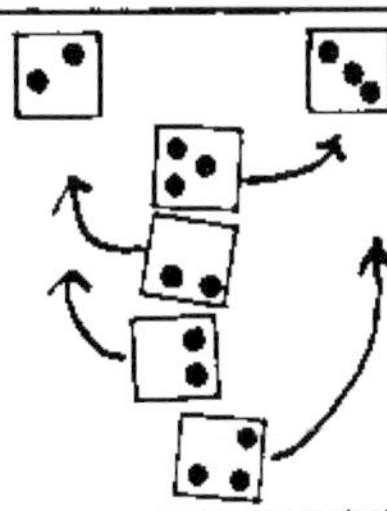
		Es werden keine Vorgaben mehr gemacht. Der Schüler erhält 2er- und 3er-Mengen, die er ordnen soll. Nach Möglichkeit soll er sein Ordnungsprinzip begründen.	4. Schritt 
		Erst wenn ein Schüler 2er- und 3er-Mengen sicher zuordnen kann, sollte die Mächtigkeit der Mengen um ein Element gesteigert werden.	

Lernziel	Lernschritte	Didaktisch-methodische Hinweise	Beispiele für den Unterricht / *Medien*
➜ 10.1 **Die Schüler sollen vorgegebenen Mengen gleichmächtige Mengen zuordnen**	**➜ 10.1.3** **Mengen verschiedener Mächtigkeit den entsprechenden Klassen zuordnen (Klassifikation)**	Die Klassifikation wird jetzt zur Routine. Bei den nachfolgend beschriebenen Tätigkeiten sollen die Zuordnungen nicht nur als Prozess sorgfältig durchgeführt werden, sondern es soll auch das Ergebnis eine Weile optisch erhalten bleiben, damit den Schülern die unterschiedliche Mächtigkeit der Mengen als klassifizierende Eigenschaft deutlich wird.	CD Spiel 15: Super Klasse Klassen (Mengendiagramme) mit zwei, drei und vier Elementen werden vorgegeben. Die Schüler „würfeln" reihum mit 6 *Wendeplättchen* (kleine runde Scheiben mit z. B. einer roten und einer gelben Seite) und ordnen – falls möglich – ihren Wurf einer Klasse zu. Gewertet werden dabei zunächst nur die Plättchen einer Farbe. 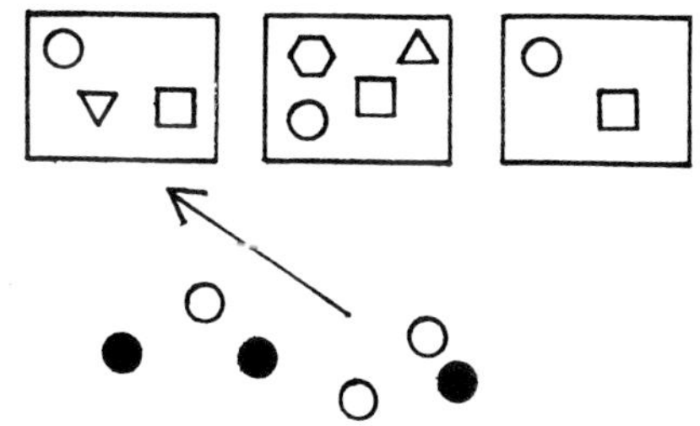 Die Zuordnung kann dann auf Arbeitsblättern zeichnerisch erfolgen. ➜ ARBEITSBLATT 10.1.3-2 -3 -4 -5 -6 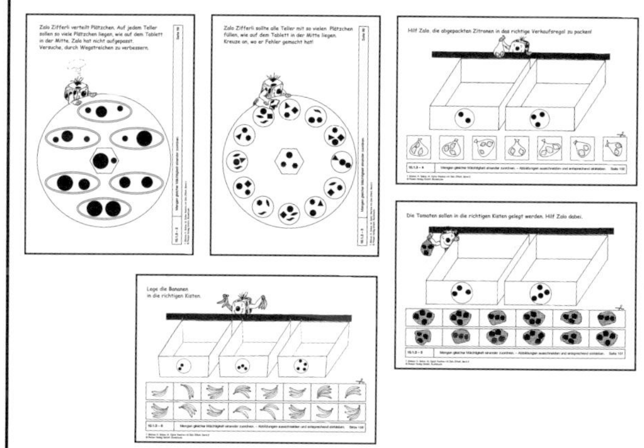

Lernziel	Lernschritte	Didaktisch-methodische Hinweise	Beispiele für den Unterricht / *Medien*
➔ 10.1 **Die Schüler sollen vorgegebenen Mengen gleichmächtige Mengen zuordnen**	**➔ 10.1.3** **Mengen verschiedener Mächtigkeit den entsprechenden Klassen zuordnen (Klassifikation)**	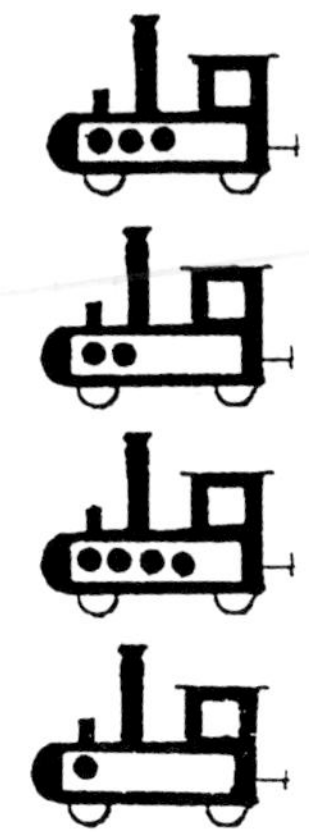	Die Waggons einer *Spielzeugeisenbahn* sind mit *Klötzchen* beladen. Die einzelnen Waggons haben unterschiedlich viele Klötzchen geladen (1, 2, 3 oder 4 Klötzchen). Es stehen in beliebiger Reihenfolge vier Lokomotiven bereit, die mit *Punktmengen* von 1 bis 4 gekennzeichnet sind. Die Schüler haben die Aufgabe, die Waggons an die passende Lok zu koppeln. Ein Wagen mit 3 Klötzchen kommt an die Lok mit der Punktmenge 3 usw.  In ca. 20 *durchsichtigen Plastikbeuteln* sind *Formenplättchen* oder andere Gegenstände (z. B.). *Plastikobst* aus dem Kaufladen) verpackt. Die Beutel enthalten unterschiedlich viele Teile (zwischen 1 und 5 Stück). Die Beutel sollen entsprechend der Anzahl ihrer Elemente in die richtigen Schachteln eingeordnet werden. Es stehen 5 *Schachteln* zur Verfügung, die jeweils mit einem Mengensymbol gekennzeichnet sind. 

Lernziel	Lernschritte	Didaktisch-methodische Hinweise	Beispiele für den Unterricht / *Medien*
→ 10.1 **Die Schüler sollen vorgegebenen Mengen gleichmächtige Mengen zuordnen**	**→ 10.1.3** **Mengen verschiedener Mächtigkeit den entsprechenden Klassen zuordnen (Klassifikation)**		Unterschiedlich viele *Apfelsinen* (zwischen 1 und 6) sind in Netze verpackt. Die Netze sollen – entsprechend der Anzahl der Apfelsinen, die sie enthalten – in die richtigen Obstkartons eingeordnet werden. Es stehen 6 *Kartons* zur Verfügung, die jeweils mit einem Mengensymbol gekennzeichnet sind. Auf dem Tisch liegen *Kärtchen mit Mengensymbolen* (Punktmengen in beliebiger Anordnung von 1 bis 6). Die Schüler nehmen reihum weitere Kärtchen auf und legen sie an die entsprechende Karte mit der gleichen Punktmenge an. „Wir bauen Wege mit gleichen Mengenplatten.“ 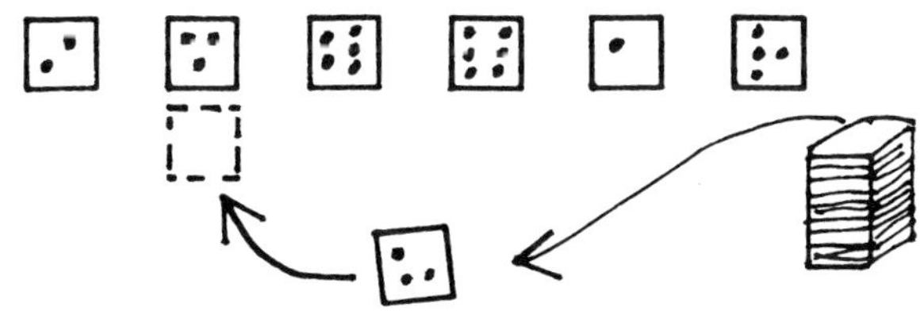 CD Spiel 16: Punkt-Mau-Mau
		Zur Vertiefung bietet es sich an, die Klassifikation auch auf taktilem Wege durchführen zu lassen. Die Schüler ertasten, wie viele Elemente vorhanden sind und ordnen dann entsprechend zu. Bei diesen Übungen wird (zunächst) mit einer geringeren Anzahl von Elementen je Beutel gearbeitet (bis max. 4 Elementen).	*Säckchen (aus durchsichtigem Plastik/aus Jute)* enthalten 1 bis 4 *Murmeln*. Die Säckchen sollen in vier Kartons eingeordnet werden, die mit entsprechenden Mengensymbolen (Punktmengen) gekennzeichnet sind. Die Schüler ertasten verdeckt die Anzahl der Murmeln im Säckchen und klassifizieren entsprechend. Bei den Plastiksäckchen ist ggf. noch eine zusätzliche optische Kontrolle möglich, während bei den Jutesäckchen nur noch taktil kontrolliert werden kann.

Lernziel	Lernschritte	Didaktisch-methodische Hinweise	Beispiele für den Unterricht / *Medien*
→ 10.1 **Die Schüler sollen vorgegebenen Mengen gleichmächtige Mengen zuordnen**	**→ 10.1.3** **Mengen verschiedener Mächtigkeit den entsprechenden Klassen zuordnen (Klassifikation)**	Zur weiteren Übung und Vertiefung wird an einer Tafel im Klassenzimmer ein Raster mit den Mengenbildern von 1 bis 6 (Punktmengen) in ungeordneter Reihenfolge angebracht. 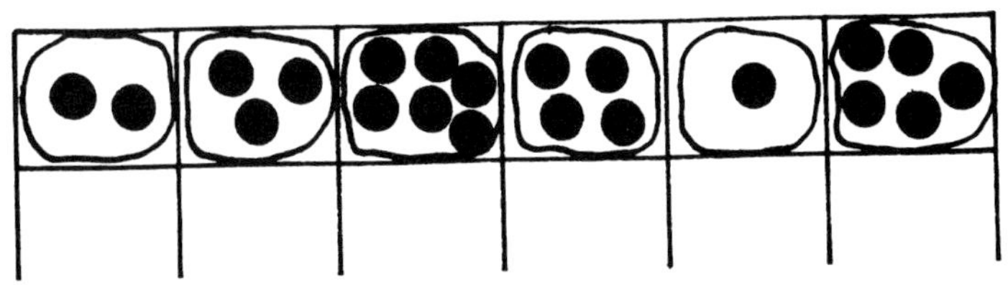 Dieses Raster sollte über einen längeren Zeitraum für die Schüler sichtbar bleiben. Wenn die Schüler mit Mengen hantieren (Frühstück, Werken, Hauswirtschaftsunterricht etc.), werden diese mithilfe des Rasters klassifiziert.	Mithilfe dieser sechs Mengenbilder (= Klassen), die an der *Tafel (Magnettafel, Hafttafel, Plakat, Tageslichtprojektor)* sichtbar sind, werden immer wieder Mengen klassifiziert. Hierzu eignen sich einerseits vorgegebene Mengenbilder *(Kärtchen mit Punktmengen bis 6)*. Andererseits können solche Kärtchen auch von den Schülern erstellt werden, um sie dann bei Klassifikationsübungen einzusetzen: „Wir zeichen die Menge der Jungen (Mädchen, Schwimmer, Nichtschwimmer, Kakaotrinker etc.) unserer Klasse auf.“

Hinweise auf weitere Materialien und Medien zu den vorstehenden PUNKTEN 6 BIS 10, die im Rahmen dieses Konzeptes (anteilig) eingesetzt werden können

Wendeplättchen rot/gelb, durch hohe Helligkeitsunterschiede für Schüler mit Farbsehschwäche besonders zu empfehlen,
aus Hart-PVC, rund, Durchmesser 20 mm, Stärke 2 mm.
Bestell-Nr. 11-015 (100 Stück)
Bestell-Nr. 11-016 (50 Stück)
Verlag und Vertrieb von Lehr-, Lern- und Arbeitsmitteln GbR, Milseburgstr. 10, 36088 Hünfeld

Wendeplättchen für Schüler, blau/rot, aus dicker Pappe, Durchmesser 16 mm,
Klett ISBN 978-3-12-199058-0

Wendeplättchen für Lehrer zur Demonstration an der Magnettafel, Durchmesser 4 cm,
Klett ISBN 978-3-12-199059-7

Riesen-Steckwürfel, 34 mm, 40 Stück in 4 Farben,
Betzold Nr. 1879Gh

Glossar

Um Kollegen, die fachfremd Mathematikunterricht erteilen, den Zugang zu diesem Unterrichtswerk zu erleichtern, haben wir uns bemüht, weitgehend auf mathematische Fachausdrücke zu verzichten. Unverzichtbare fachspezifische Termini werden nachstehend erklärt. Die Erläuterungen erheben nicht in jedem Fall den Anspruch einer exakten bzw. vollständigen mathematischen Definition, sondern dienen in erster Linie dem Verständnis der Begriffe im Rahmen dieses Unterrichtswerks.

Anordnung von Elementen einer Menge: Um ⇨ Mengen leicht überschaubar und vergleichbar zu machen (wo sind mehr, wo sind weniger ⇨ Elemente?), müssen sie zunächst übersichtlich angeordnet werden. Mit zunehmendem Abstraktionsgrad des Rechenlehrgangs wird diese Anordnung wieder aufgelöst.

linear: 0 0 0 0   0 0   0 0 0   0

gleichgeordnet: 0 0 0 0 0 0 0 0 0 (lineare Anordnung mit gleichen Abständen)

unterbrochen: 0 0 0   0 0 0 0   0   0 0 (lineare Anordnung mit unterschiedlichen Abständen)

flächig:

```
  0 0 0       0
0     0     0
  0     0
```

zwei Mengen in symetrischer Anordnung:

```
0 0 0 0 0 0 0 0 0
-----------------
0 0 0 0 0 0 0 0 0
```

Anzahlinvarianz: Fähigkeit, zu erkennen, dass sich eine ⇨ Menge entgegen dem optischen Eindruck in ihrer Anzahligkeit/Mächtigkeit nicht verändert, wenn die ⇨ Elemente in anderer Anordnung präsentiert werden (Erkenntnis der strukturellen Freiheit). Vgl. auch ⇨ Gestaltinvarianz.

(Einzel-) Elemente: Zu einer ⇨ Menge gehörende Objekte.

Gestaltinvarianz: Fähigkeit, zu erkennen, dass sich eine ⇨ Menge entgegen dem optischen Eindruck in ihrer Anzahligkeit/Mächtigkeit nicht verändert, wenn die ⇨ Elemente in anderer Größe bzw. Form präsentiert werden (Erkenntnis der qualitativen Freiheit). Vgl. auch ⇨ Anzahlinvarianz.

Klasse: Gegenstände oder ⇨ Mengen mit gemeinsamen Merkmalen bilden eine Klasse, z.B. ⇨ Elemente gleicher Größe oder gleicher Farbe, ⇨ Mengen gleicher Mächtigkeit etc.

Glossar

Klassifikation:	Erkenntnis der Zugehörigkeit und die Zuordnung von Gegenständen oder ⇨ Mengen zu einer ⇨ Klasse.
Klassifikation von Mengen:	Zuordnung von ⇨ Mengen zueinander, die die gleiche ⇨ Mächtigkeit aufweisen.
Steigerung der Komplexität:	Der Weg von einfachen und überschaubaren Sachstrukturen und Inhalten hin zu komplexeren/differenzierteren Sachstrukturen und Inhalten.
Lernstrukturgitter:	Siehe ausführliche Hinweise auf Seite 4 und 5.
Mächtigkeit einer Menge:	Sie bezieht sich auf die Anzahl der ⇨ Elemente einer ⇨ Menge. Mengen gleicher Mächtigkeit sind Mengen, die die gleiche Anzahl von Elementen enthalten.
Menge:	Eine durch ihre ⇨ Mächtigkeit definierte Zusammenfassung von ⇨ Einzelelementen.
Mengenschleife:	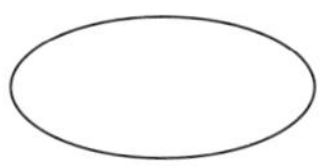 wird in den Arbeitsblättern anschaulicher als 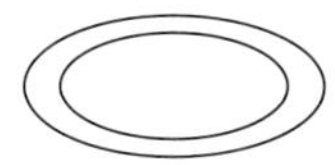 „Teller“ dargestellt und benannt; grafisches Mittel, um die zu einer ⇨ Menge gehörenden ⇨ Elemente zu kennzeichnen.
Steigerung des Niveaus, Niveaustufen:	Der Weg von konkreten Handlungen zu Denkoperationen, wobei auf jeder Stufe neue Erkenntnisse gewonnen werden. Stufenweise Steigerung des Abstraktionsgrades / Schwierigkeitsgrades / Anspruchsniveaus.
Seriation:	Reihung; Ordnen von Gegenständen oder ⇨ Mengen nach festgelegten Gesetzmäßigkeiten. Z.B. Ordnen nach zu-, bzw. abnehmender Größe, 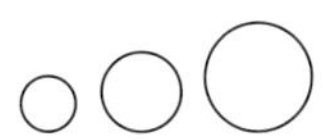 Länge, 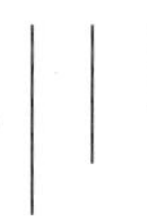 Anzahl 
Seriation von Mengen:	Ordnen von ⇨ Mengen nach zu-, bzw. abnehmender ⇨ Mächtigkeit; die Gesetzmäßigkeit der Zahlenreihe wird erarbeitet, indem mit Mengen operiert wird, die jeweils ein ⇨ Element mehr oder weniger als die jeweiligen Nachbarmengen aufweisen. 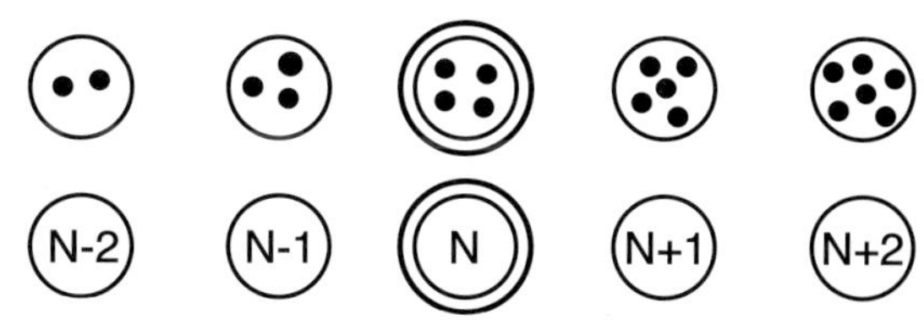

Glossar

Strukturiertes Material: Didaktisches Material für die Hand der Schüler zum Legen, Ordnen, Sortieren, Abzählen etc. Die einzelnen Gegenstände haben bezogen auf Form und/oder Größe und/oder Farbe exakt gleiche Eigenschaften. Strukturiertes Material sind z.B. Muggelsteine, Wendeplättchen, Dicksche Rechenröllchen, Cuisinairestäbchen, 4er-Duplo-Steine, Formenplättchen, Logische Blöcke, Geoformen etc.

Zahlbegriff: Er wird definiert durch die ⇨ Mächtigkeit, das ⇨ Zahlwort sowie das ⇨ Zahlzeichen.

Zahlwort: Benennung einer Zahl (z.B. „drei“)

Zahlzeichen: Ziffer, schriftliche Darstellung (Graphem) einer Zahl (z.B. 3).

Zuordnung: Methode, die es ermöglicht, ohne abzuzählen, die ⇨ Mächtigkeit zweier ⇨ Mengen durch 1-zu-1-Zuordnung zu vergleichen. Man unterscheidet, je nachdem wie der Zuordnungsvorgang ausgeführt wird, zwischen ⇨ synchroner Zuordnung, ⇨ asynchroner Zuordnung und ⇨ sukzessiver Zuordnung. Die Zuordnung kann entweder als konkrete Handlung oder auf zeichnerischer Ebene ausgeführt werden.

Zuordnung, **synchron:** Aus den beiden zu vergleichenden Mengen wird gleichzeitig jeweils ein ⇨ Element genommen und in eine symmetrische ⇨ Anordnung gebracht. (Als Zuordnungshilfe kann ein Raster vorgegeben werden.)

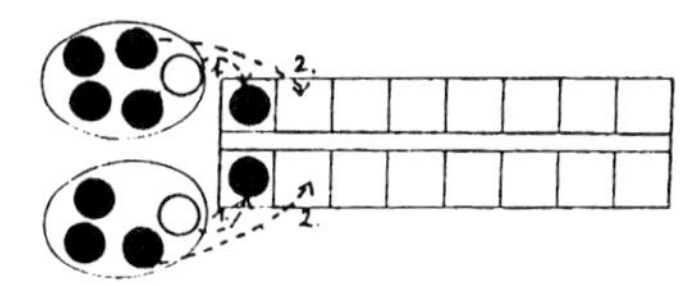

synchrone Zuordnung

Zuordnung, **asynchron:** Immer abwechselnd wird aus der einen und dann aus der anderen zu vergleichenden Menge jeweils ein ⇨ Element genommen und in eine symmetrische ⇨ Anordnung gebracht. (Als Zuordnungshilfe kann ein Raster vorgegeben werden.)

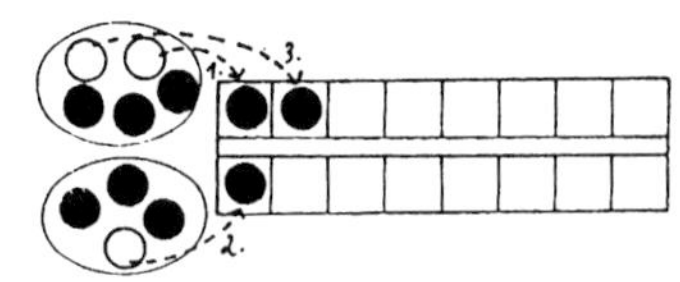

asynchrone Zuordnung

Zuordnung, **sukzessiv:** Zunächst wird eine Menge in eine ⇨ linear gleichgeordnete Anordnung gebracht, danach wird die andere Menge in eine symmetrische ⇨ Anordnung zur ersten Menge gebracht. (Als Zuordnungshilfe kann ein Raster vorgegeben werden.)

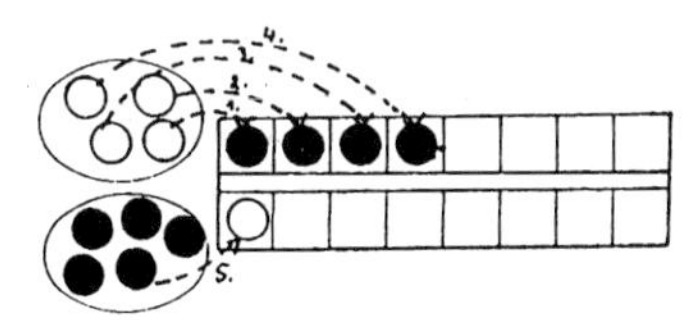

sukzessive Zuordnung

Erklärung der Abkürzungen und Zeichen

kursive Schrift:	Durch die *kursive Schrift* sind in der Spalte „Beispiele für den Unterricht“ die eingesetzten *Medien* und *Materialien* hervorgehoben, die zur Durchführung des Unterrichts benötigt werden.
[in eckigen Klammern]:	In eckige Klammern gesetzt sind **fakultative** Lernziele, Lernschritte und Unterrichtsbeispiele. Bei diesen fakultativen Lerninhalten handelt es sich in der Regel um schwierigere Aufgabenstellungen oder Exkurse, die über die zu vermittelnden Grundlagen hinausgehen. Sie sind als sinnvolles Ergänzungsangebot für leistungsstärkere Schüler gedacht. Schüler, die diese fakultativen Lerninhalte (noch) nicht bewältigen, können trotzdem das danach folgende Lernziel bzw. den danach folgenden Lernschritt bearbeiten.
➔ 6.2 Pfeile vor den Nummern:	Ein Pfeil vor der Nummerierung der Lernziele oder Lernschritte weist darauf hin, dass diese Nummer schon auf der vorangegangenen Seite begonnen hat und hier fortgesetzt wird.
ARBEITSBLATT 6.2.4-2 Nummerierung der Arbeitsblätter:	Anhand der Nummerierung können die Arbeitsblätter den entsprechenden Lernschritten zugeordnet werden. Z.B. gibt die Nummerierung 6.2.4-2 folgende Information: Dieses Arbeitsblatt ist vorgesehen zum Einsatz in Kapitel 6, Lernziel 2, Lernschritt 4. Innerhalb dieses Lernschrittes ist es das 2. Arbeitsblatt, das angeboten wird. (Es gibt zu diesem Lernschritt also noch ein Arbeitsblatt, nämlich 6.2.4-1, das einfacher zu bearbeiten ist.)
„in Anführungs- zeichen“:	In der Spalte „Beispiele für den Unterricht“ sind mögliche Formulierungen für **konkrete Handlungsanweisungen** an die Schüler durch „Gänse-füßchen“ gekennzeichnet. Um diese Handlungsanweisungen addressatenbezogen zu formulieren, sind sie häufig in kleine Geschichten eingekleidet, z.B. „Wir bauen eine Burg.“
	In der Spalte „Beispiele für den Unterricht“ wird durch dieses Symbol auf Spiele hingewiesen, die zur Vermittlung oder Vertiefung der Unterrichts-inhalte eingesetzt werden können.

Kreuze an, wo mehr Plättchen liegen. ODER: Kreuze an, wo weniger Plättchen liegen.

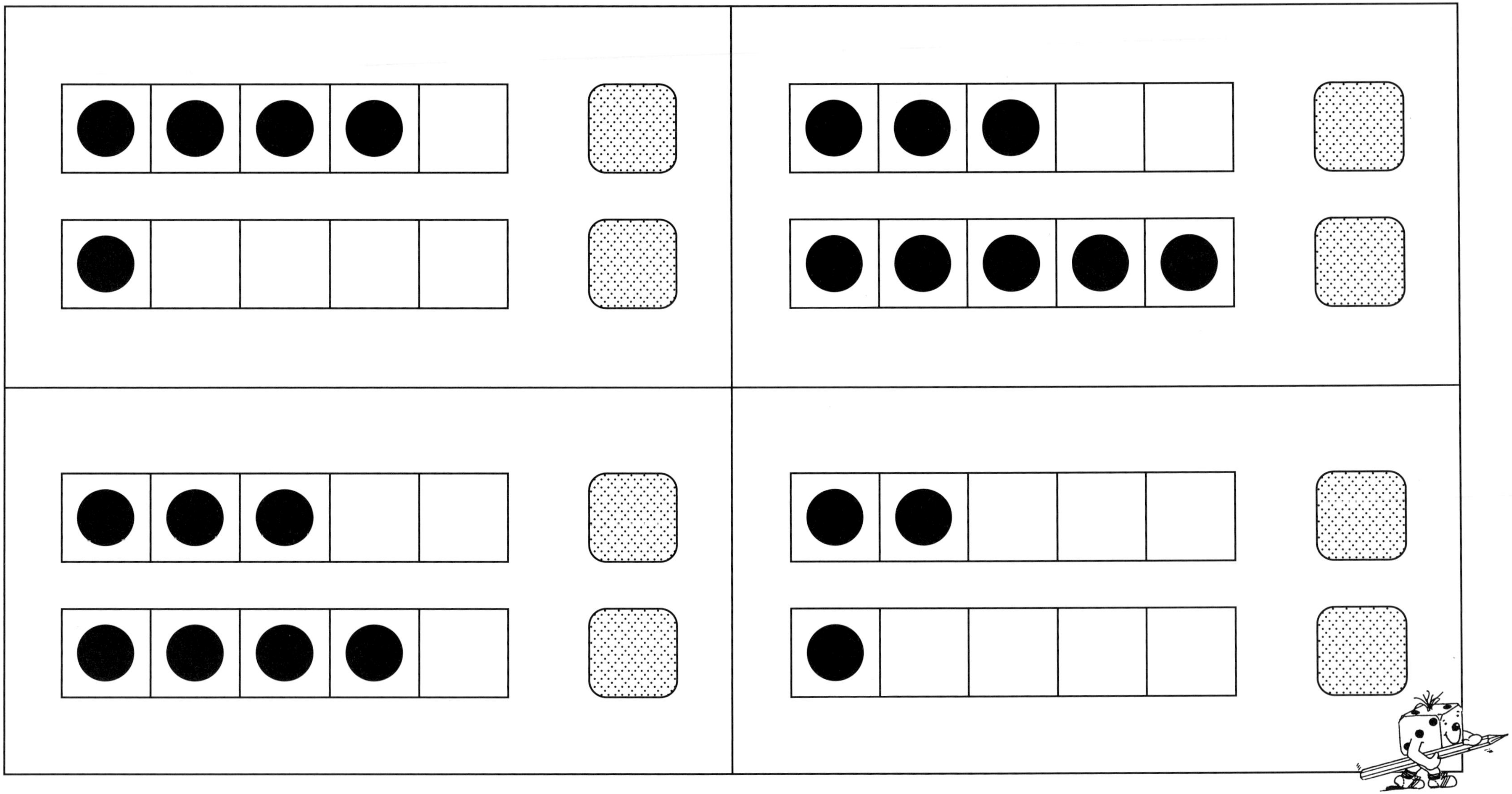

In welcher Reihe sind mehr Farbtöpfchen? Kreuze an!

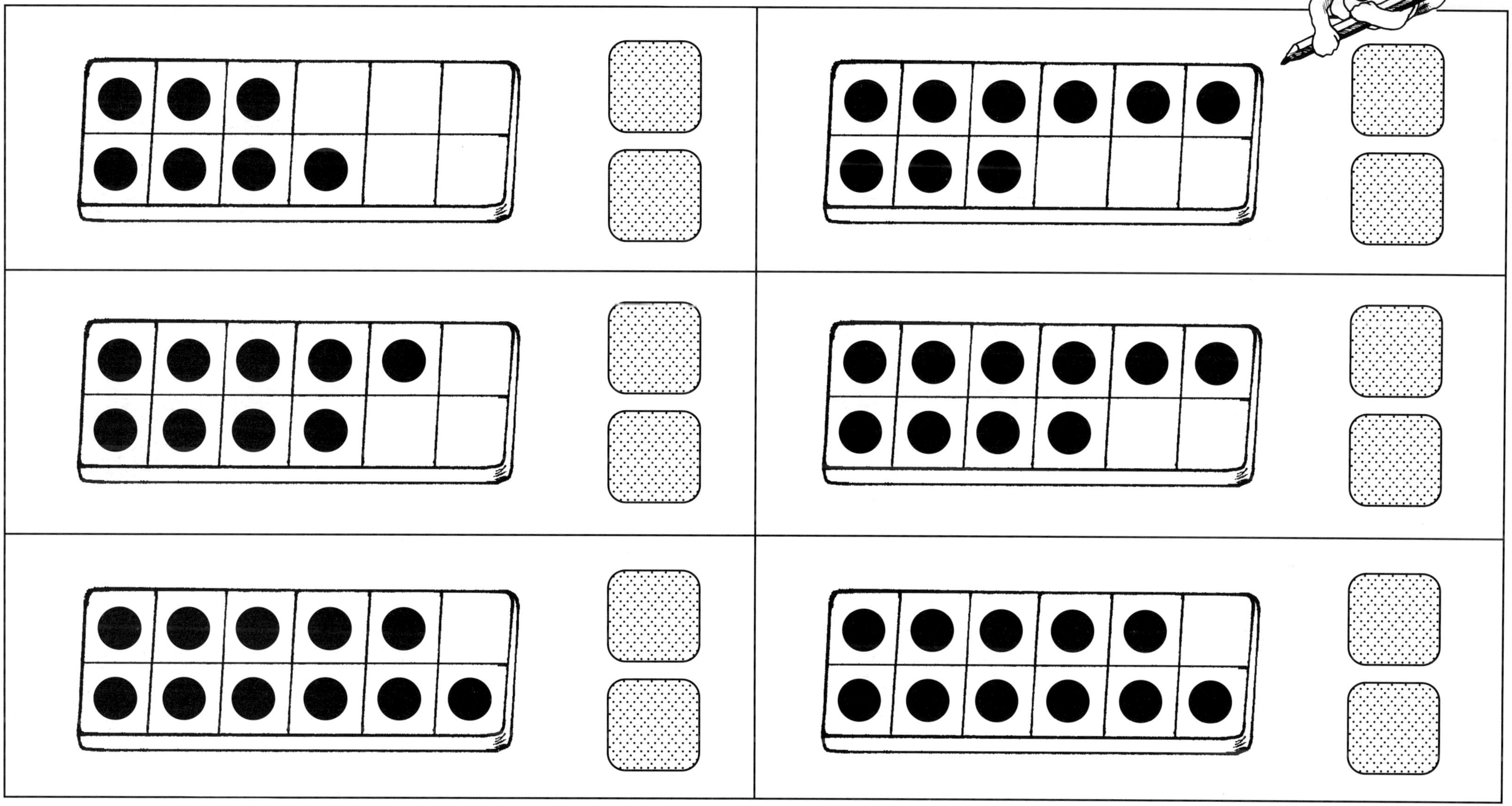

Damit das Boot nicht aus dem Gleichgewicht gerät, müssen auf beiden Seiten gleich viele Tonnen sein. Male Tonnen hinzu, bis auf beiden Seiten gleich viele sind.

T. Blümer, R. Gräve, M. Opitz: Rechne mit Zalo Zifferli, Band 2

Hilf Zalo, die Boote ins Gleichgewicht zu bringen. Male Tonnen hinzu, bis auf beiden Seiten gleich viele sind.

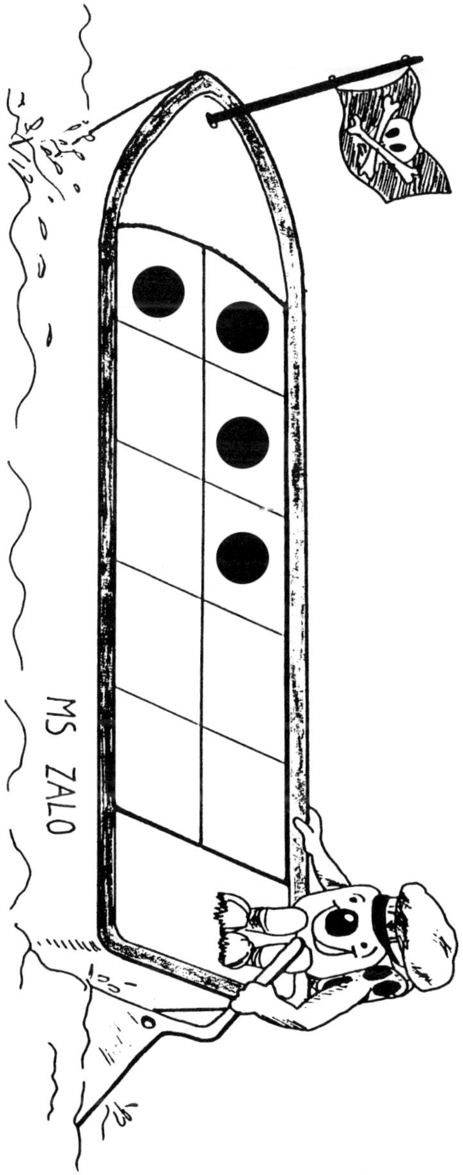

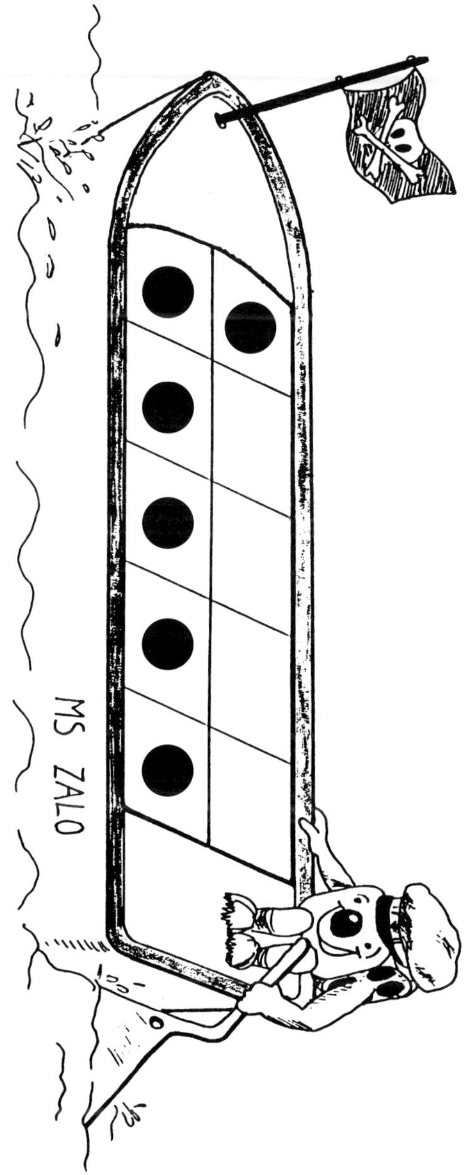

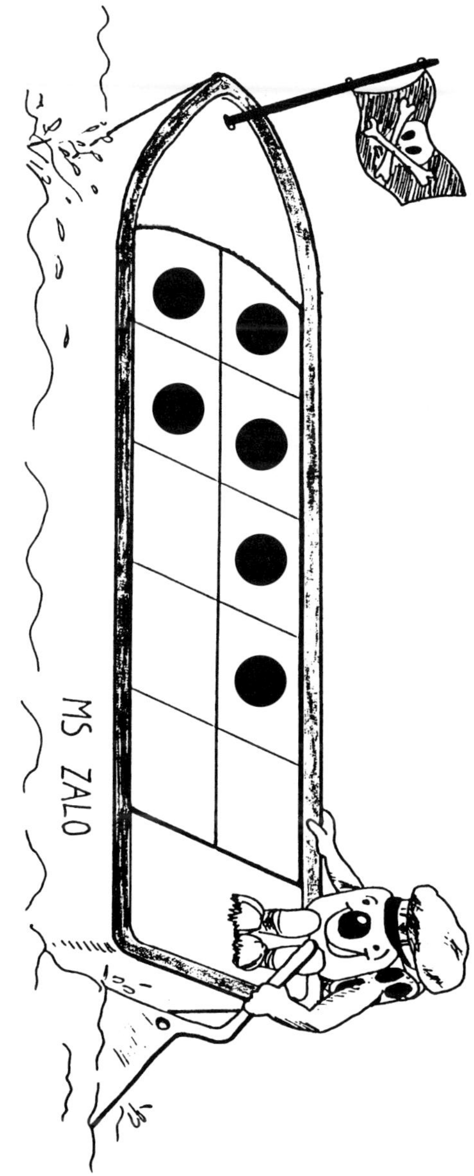

T. Blümer, R. Gräve, M. Opitz: Rechne mit Zalo Zifferli, Band 2

Wo sind mehr Plättchen?
Oder sind es gleich viele? Kreuze an!

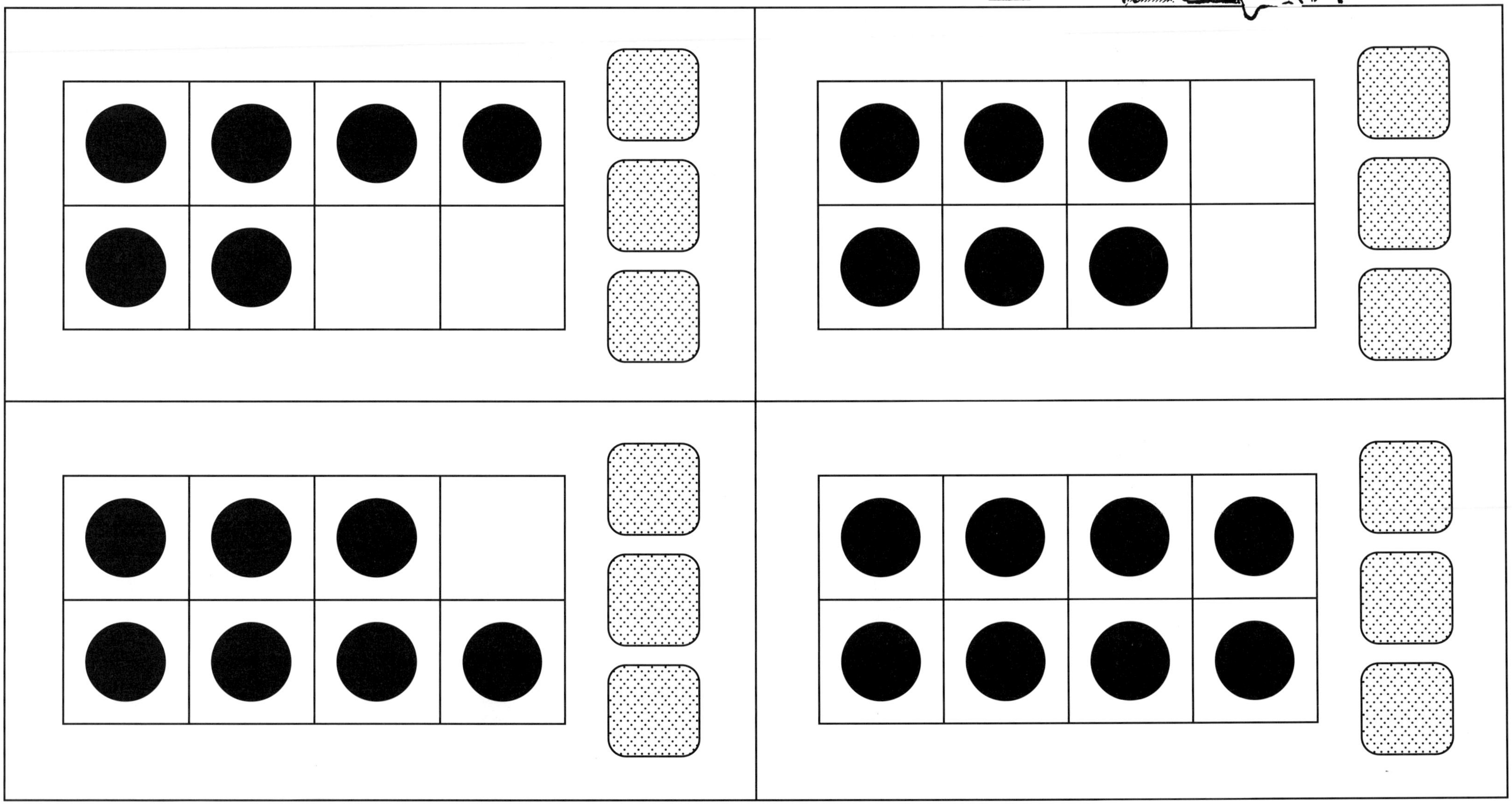

T. Blümer, R. Gräve, M. Opitz: Rechne mit Zalo Zifferli, Band 2

Wo sind mehr Plättchen? Oder sind es gleich viele?
Kreuze an!

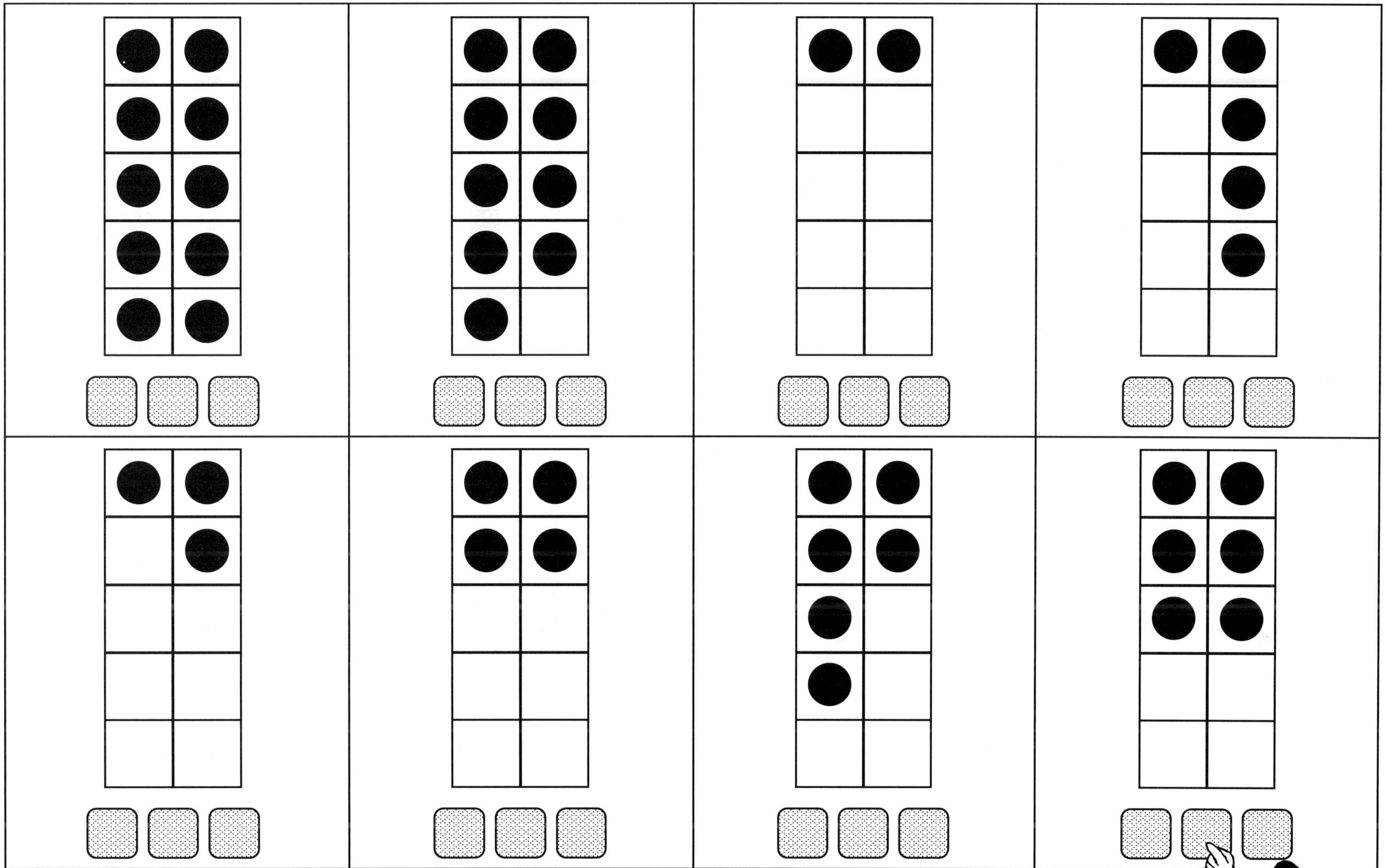

Wo sind mehr Plättchen? Oder sind es gleich viele? Kreuze an!

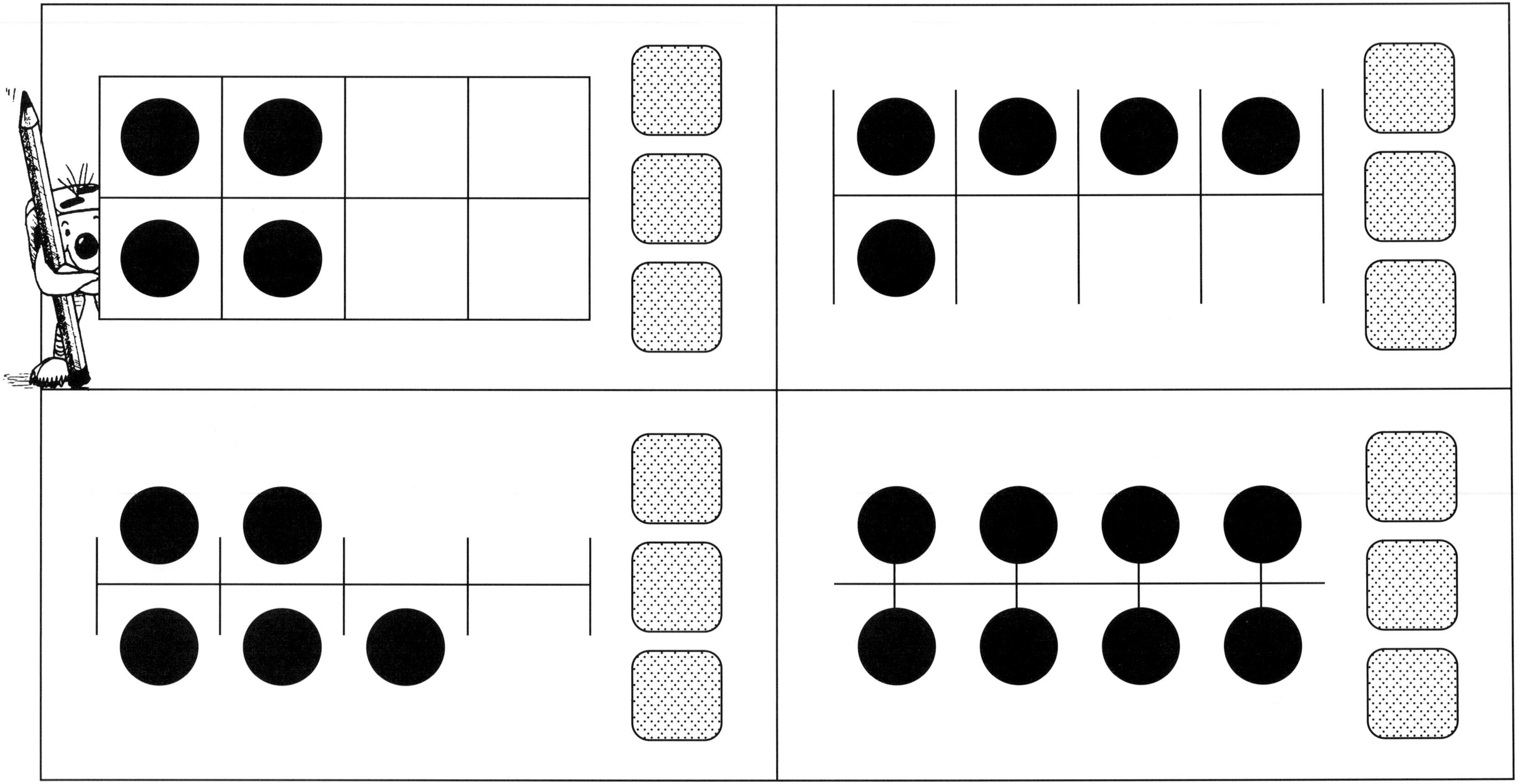

7.2.2 – 1	Mengenvergleich bei linear angeordneten Mengen. Die Hilfestellung durch ein Raster schrittweise reduzieren.	Seite 70

T. Blümer, R. Gräve, M. Opitz: Rechne mit Zalo Zifferli, Band 2

Wo sind mehr Plättchen? Oder sind es gleich viele?
Kreuze an!

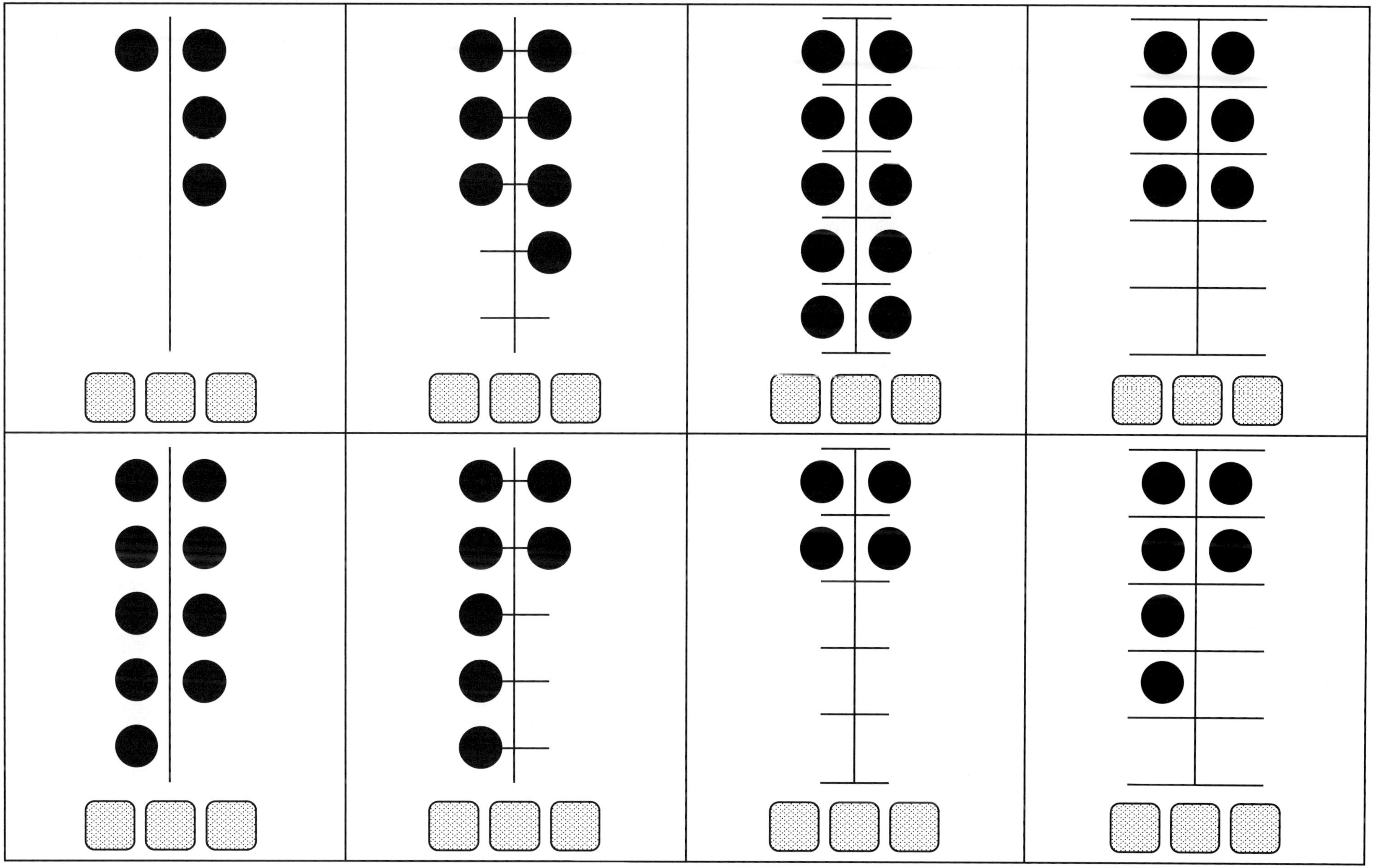

7.2.2 – 2	Mengenvergleich bei linear angeordneten Mengen. Die Hilfestellung durch ein Raster schrittweise reduzieren. Seite 71

Wo sind mehr Plättchen? Oder sind es gleich viele? Kreuze an!

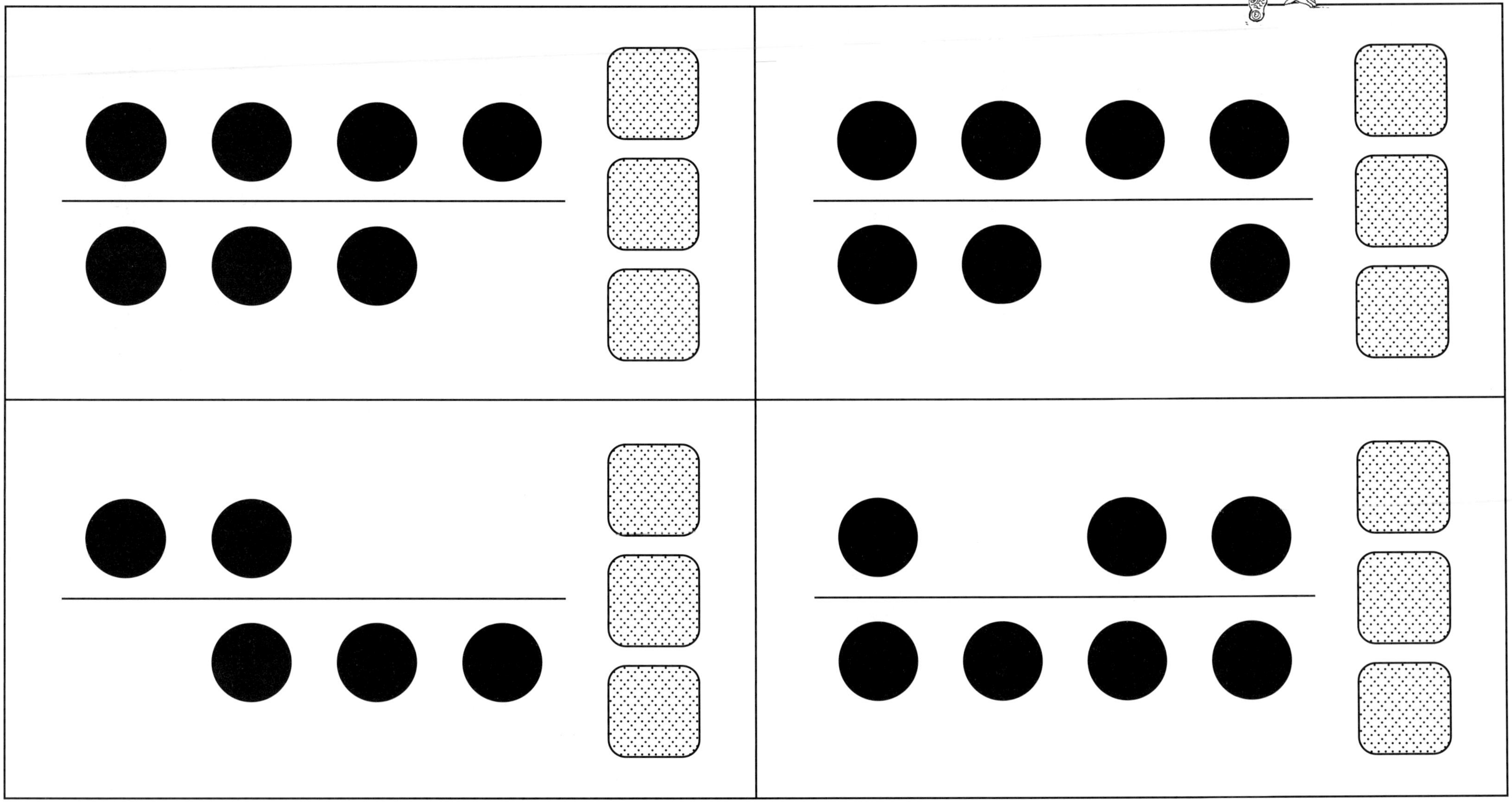

Wo sind mehr Plättchen? Oder sind es gleich viele?
Kreuze an!

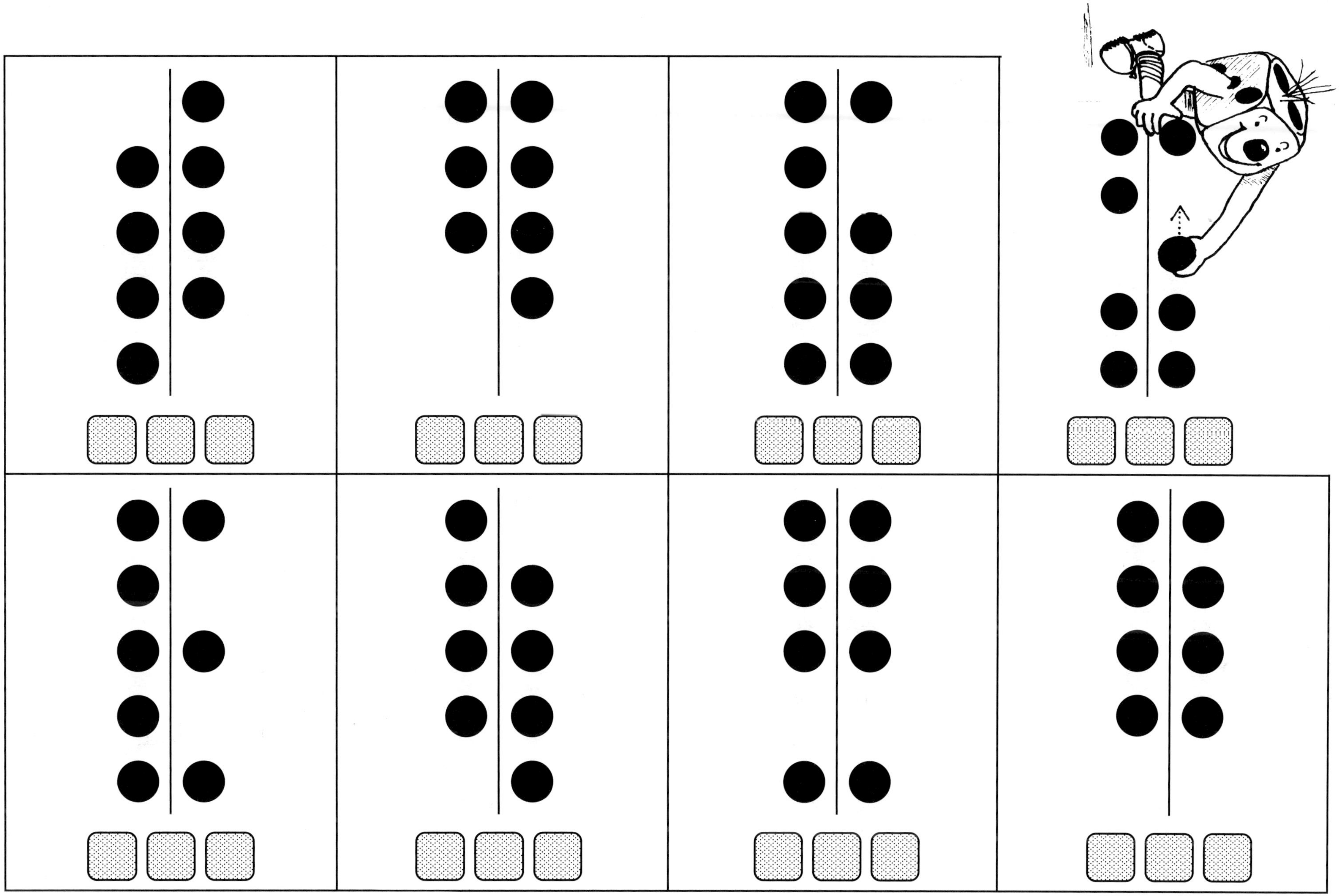

T. Blümer, R. Gräve, M. Opitz: Rechne mit Zalo Zifferli, Band 2

Wo sind mehr Plättchen? Oder sind es gleich viele? Kreuze an!

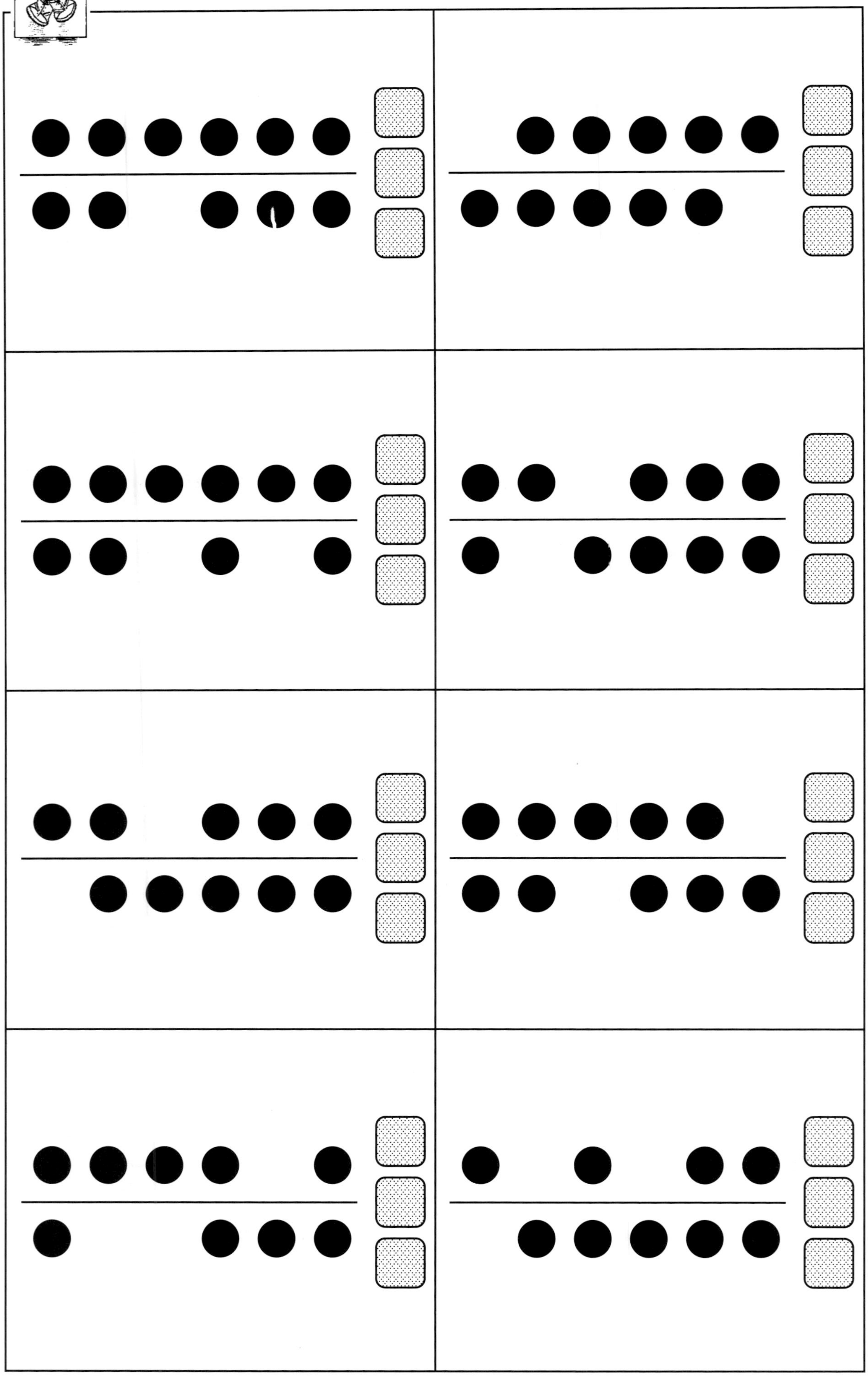

Wo sind mehr Plättchen? Oder sind es gleich viele?
Kreuze an!

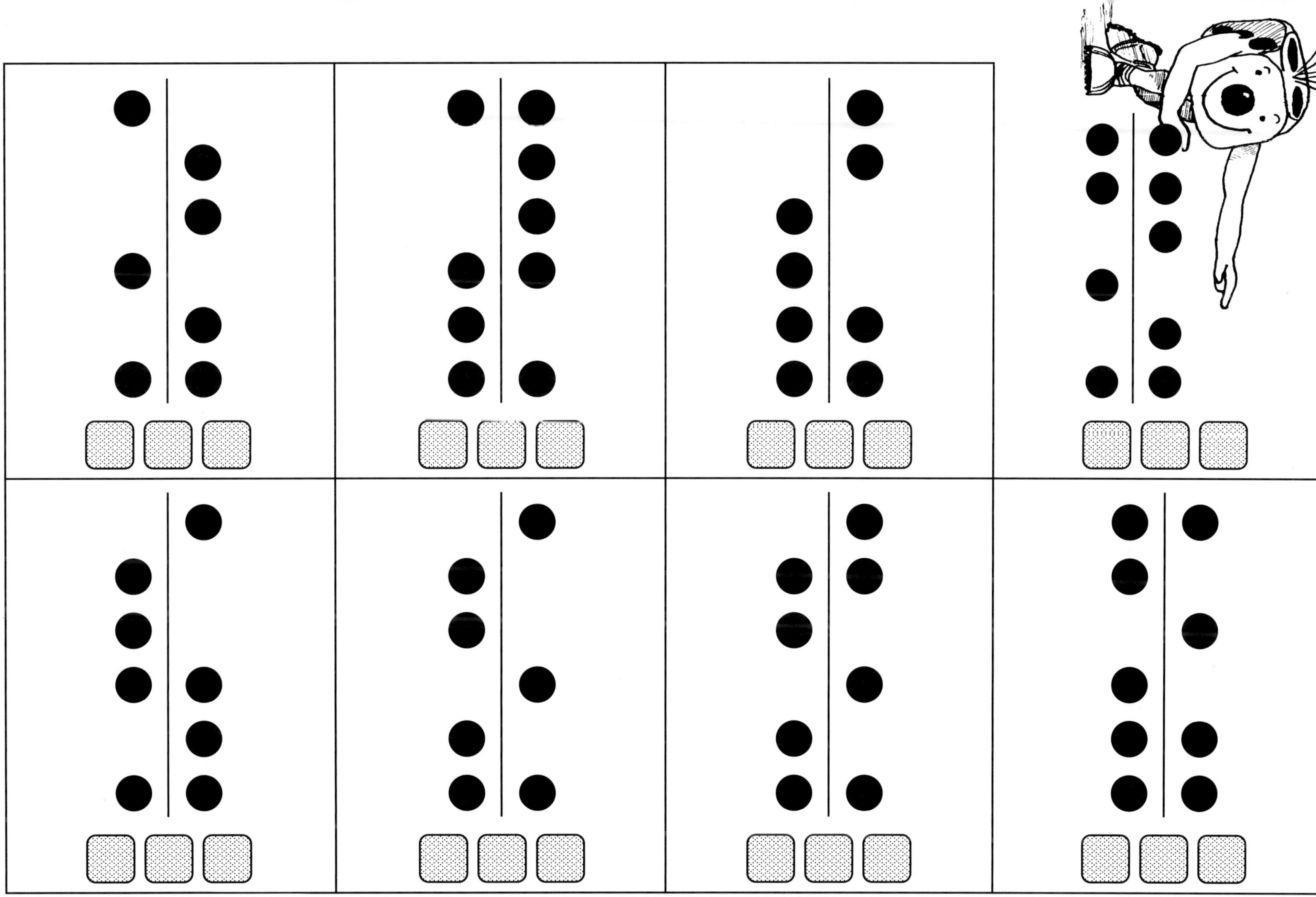

[7.2.3 – 4]	Mengenvergleich bei unterbrochener linearer Anordnung der Mengen	Seite 75

Die Hunde sind auf die Wiese gelaufen. Hat jeder Hund eine Hundehütte? Prüfe nach!
Ziehe Verbindungslinien!

Zalo Zifferli hat die Käfigtüren offen gelassen. In jedem Käfig war ein Vogel.
Sind noch alle Vögel da?

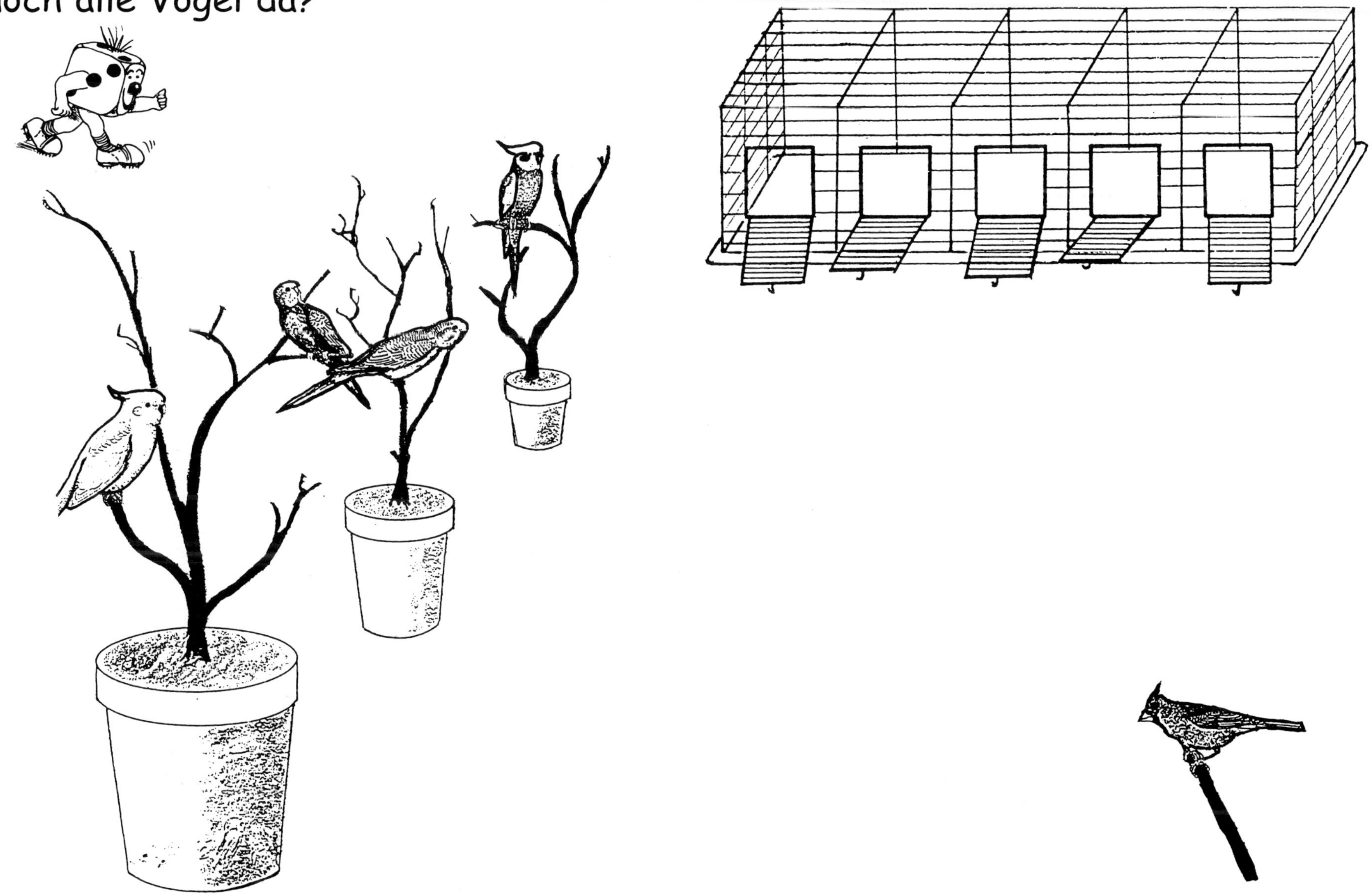

T. Blümer, R. Gräve, M. Opitz: Rechne mit Zalo Zifferli, Band 2

Die Feier ist zu Ende. Zalo räumt die leeren Flaschen wieder in den Kasten. Sind noch alle Flaschen da?

Ordne die Muggelsteine in das Raster.

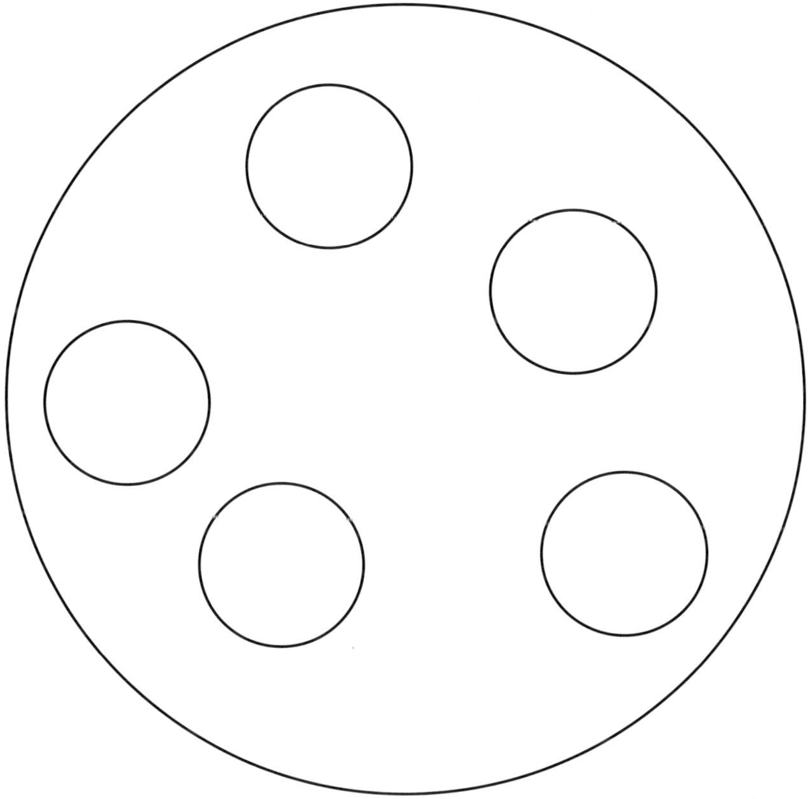

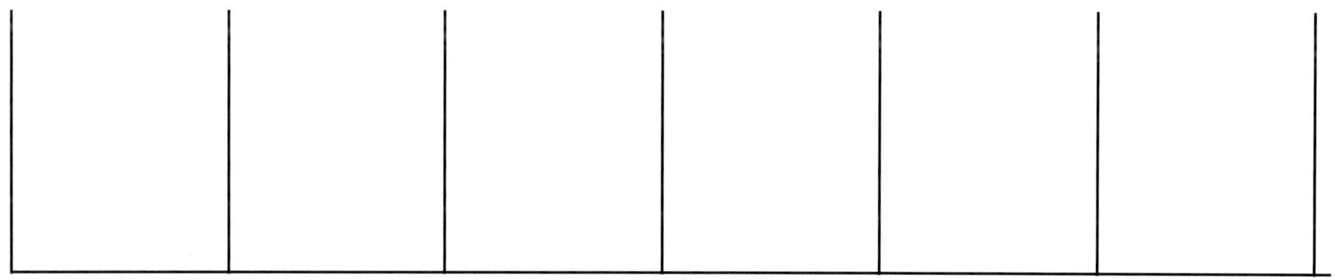

Auf die Platzhalter im Teller werden fünf Muggelsteine (Münzen etc.) gelegt. Dann werden die Gegenstände nacheinander konkret in das Raster eingeordnet, wobei jedes Mal der Platzhalter durchgestrichen wird.
Danach wird das Arbeitsblatt ohne Verwendung realer Gegenstände eingesetzt. Zur zeichnerischen Umordnung wird jeweils ein Platzhalter abgestrichen und dafür ein Punkt in das Raster gemalt.

T. Blümer, R. Gräve, M. Opitz: Rechne mit Zalo Zifferli, Band 2

In welcher Schüssel sind mehr Eier? Ordne die Eier in die Becher ein und vergleiche!

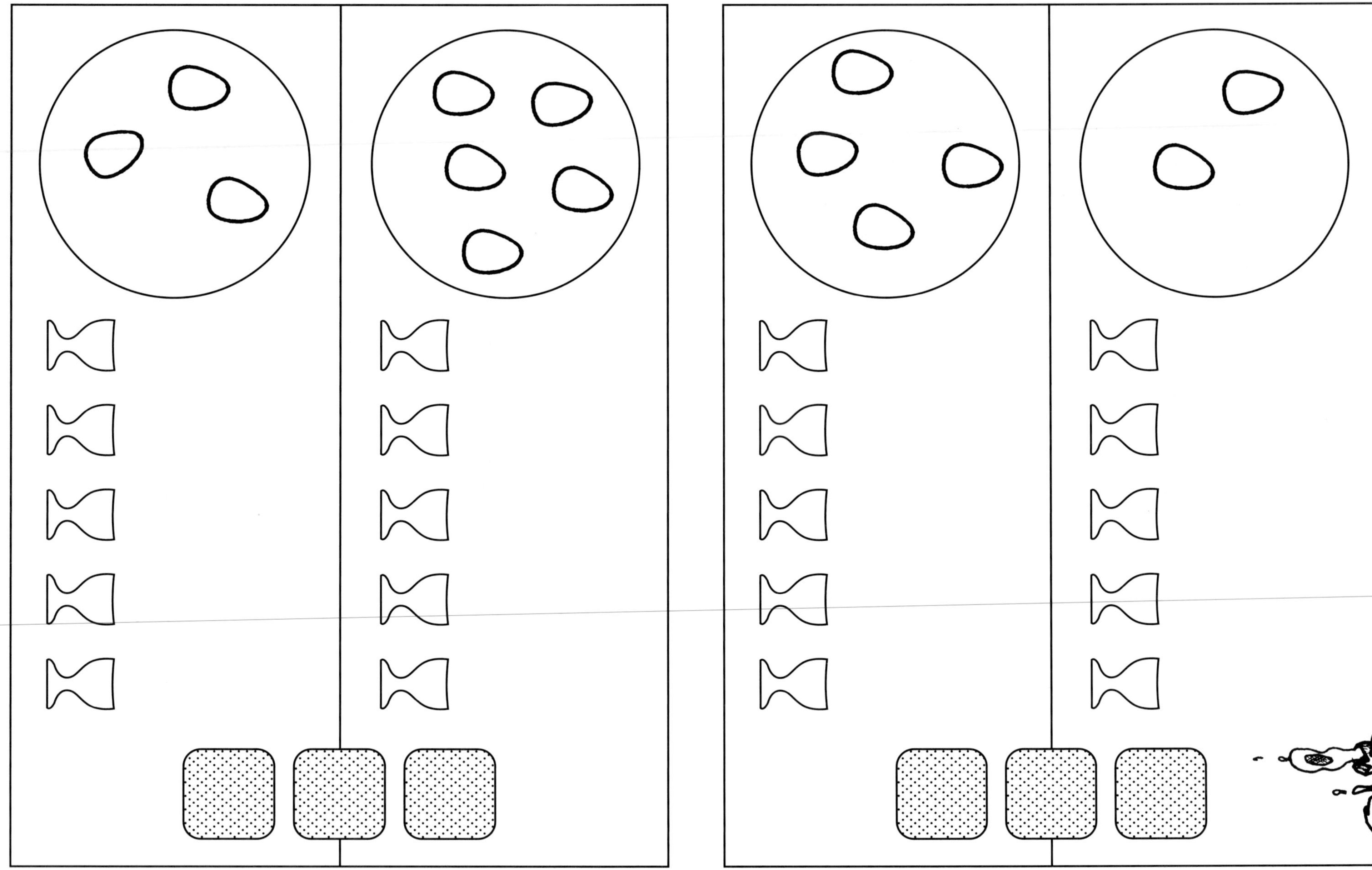

T. Blümer, R. Gräve, M. Opitz: Rechne mit Zalo Zifferli, Band 2

Zalo hat Hunger!
Auf welchem Teller sind mehr Kekse?

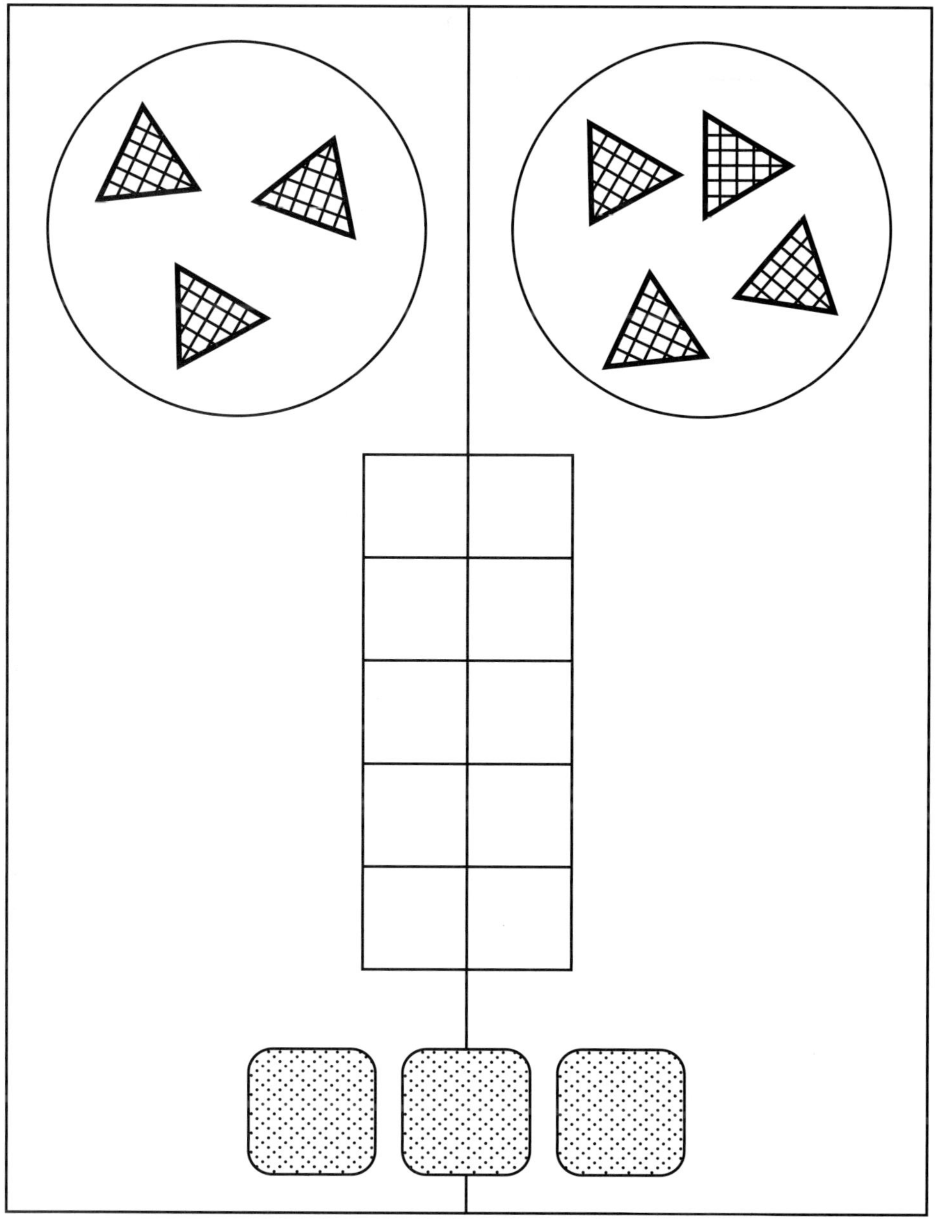

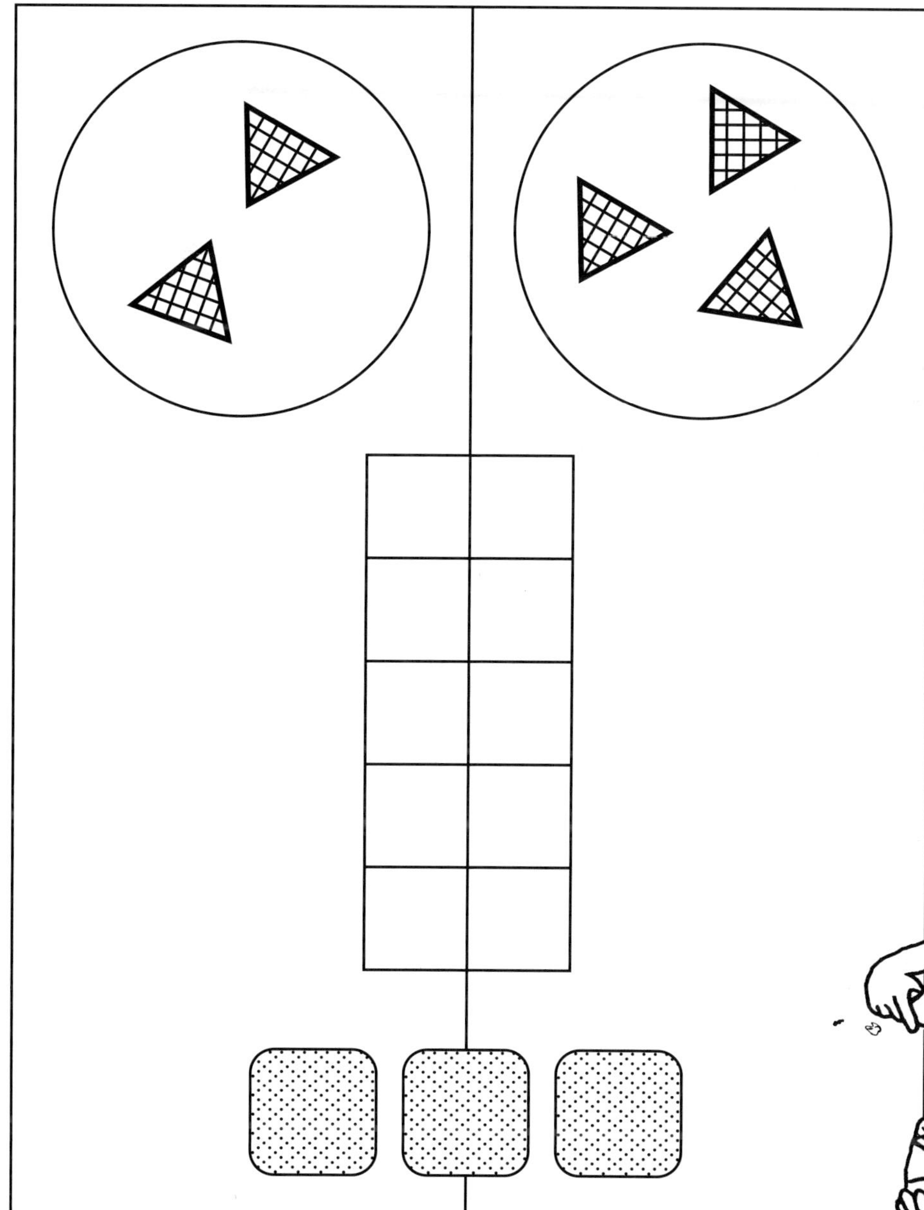

T. Blümer, R. Gräve, M. Opitz: Rechne mit Zalo Zifferli, Band 2

An welcher Tafel haften mehr Magnetköpfe?
Oder sind es gleich viele?

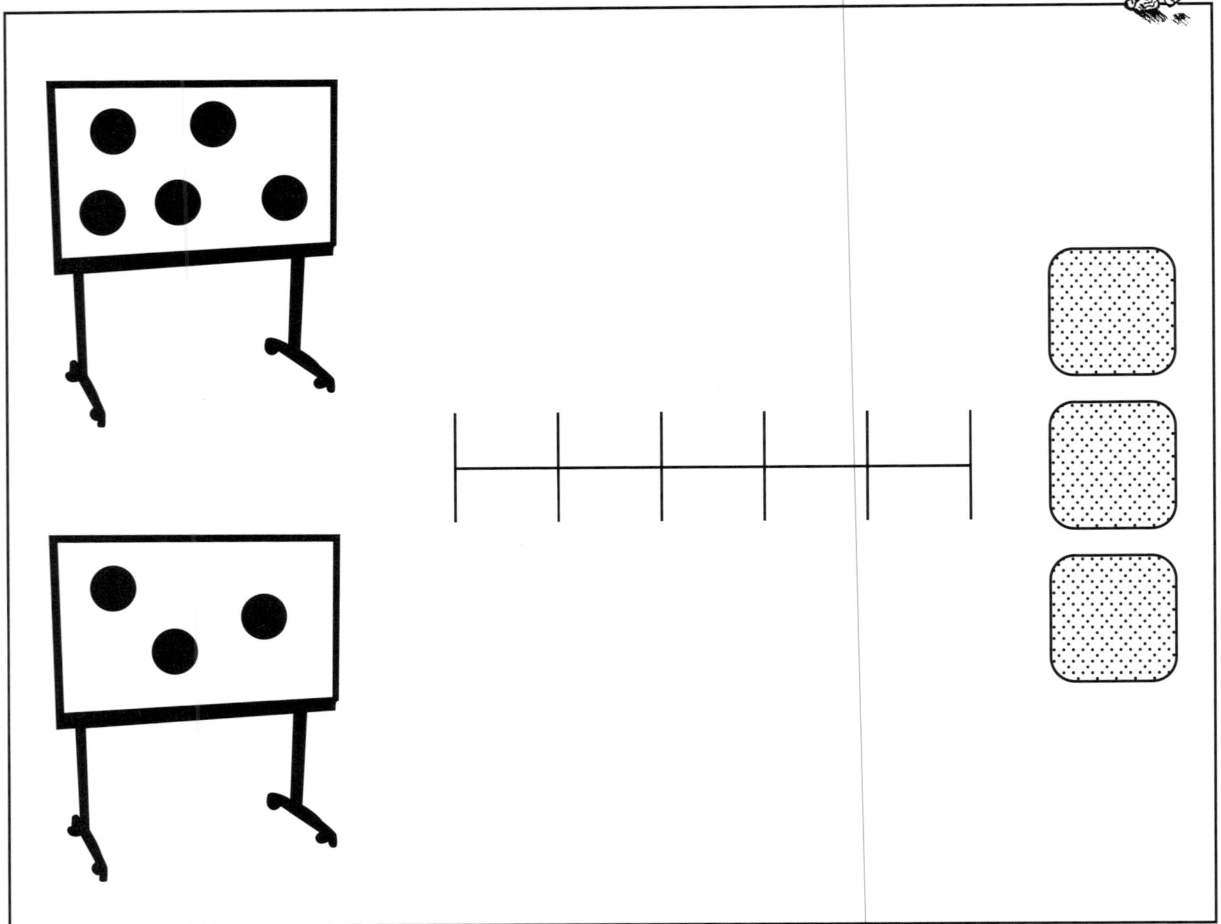

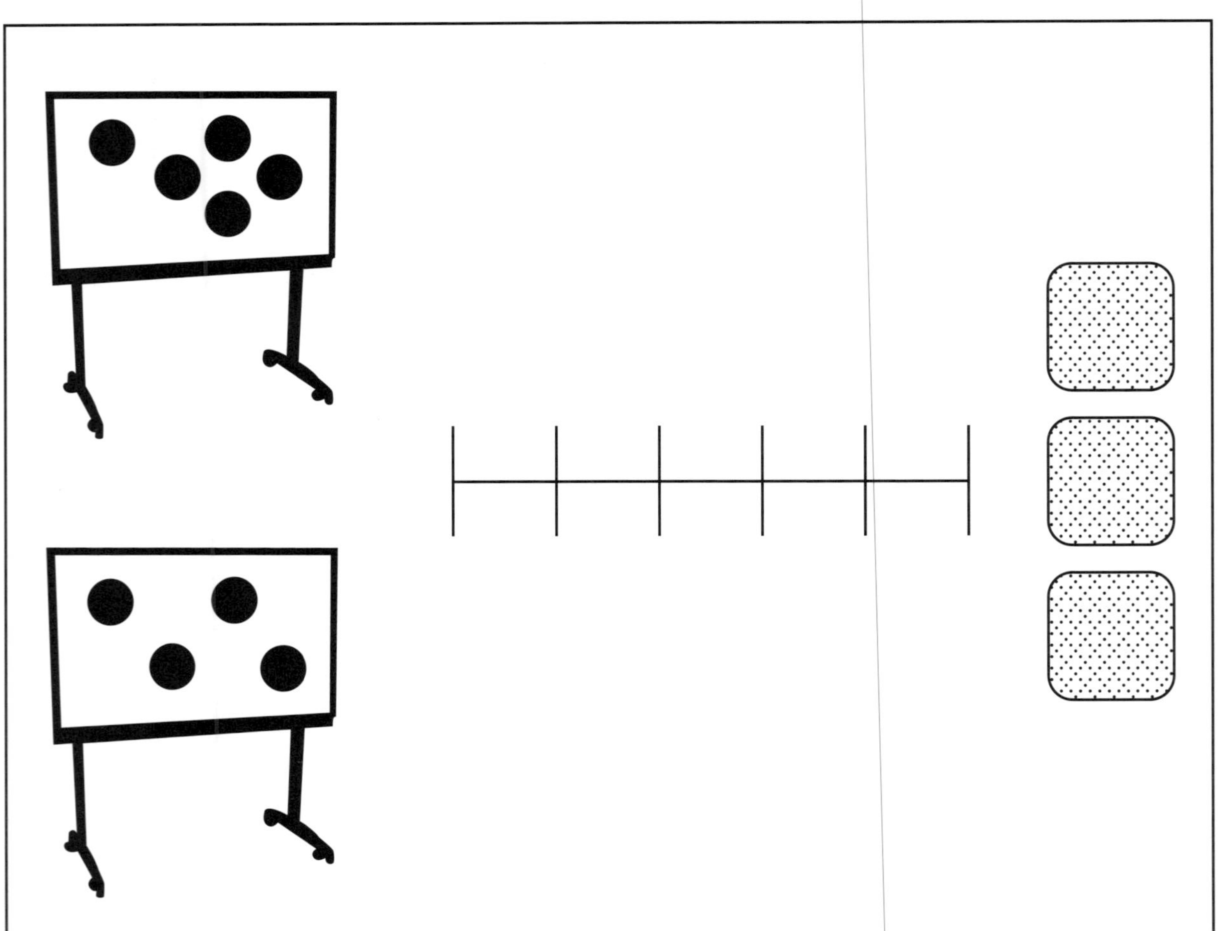

Wo liegen mehr Murmeln?
Oder sind es gleich viele?

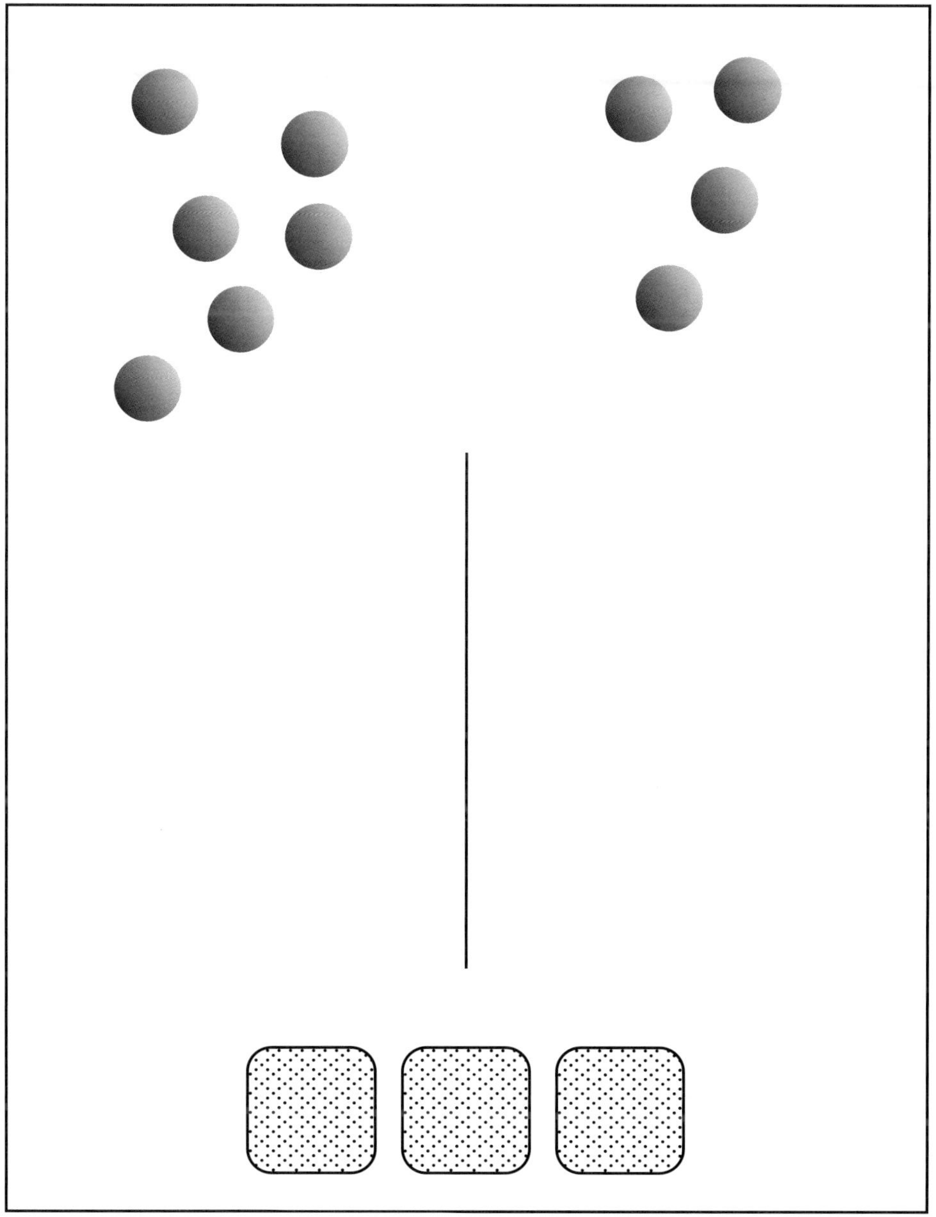

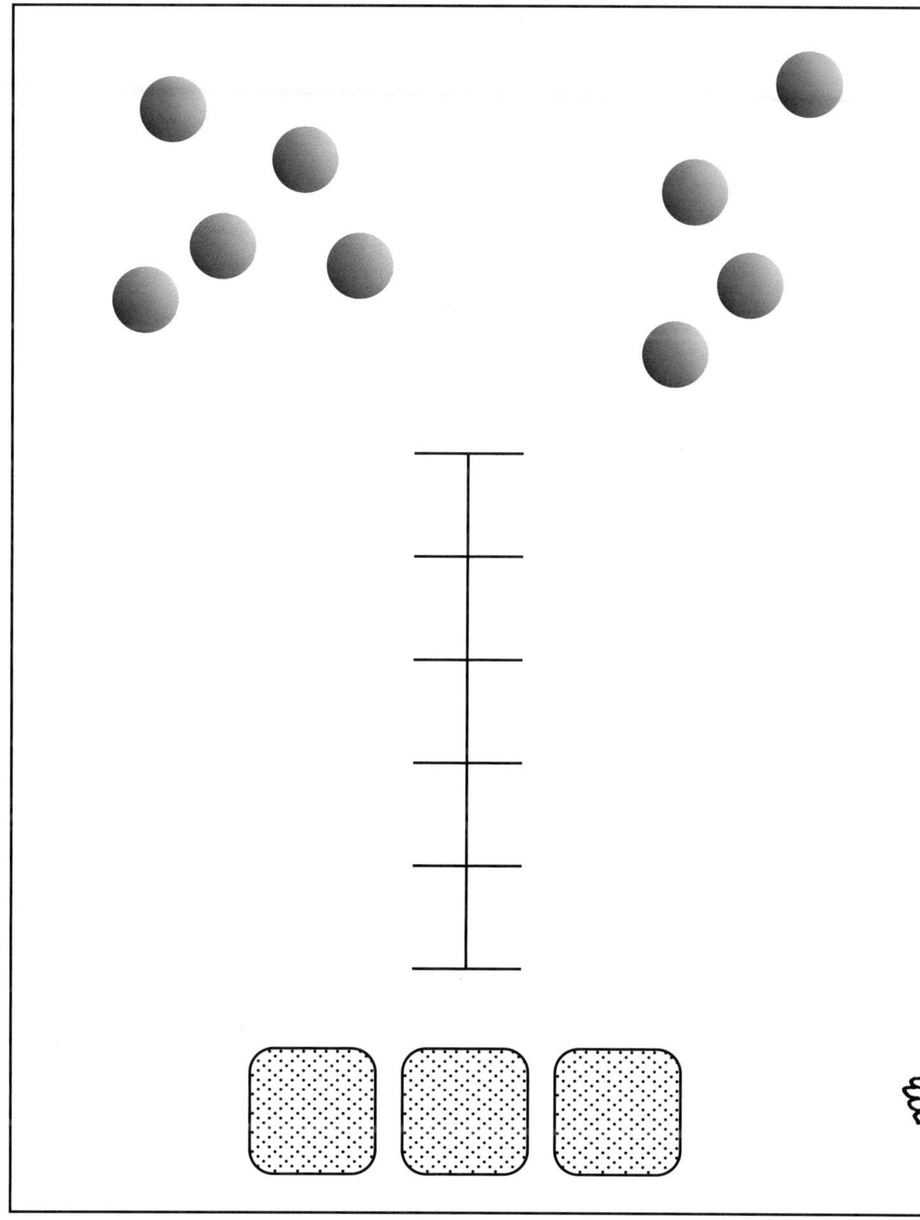

7.4.4 – 5	Mengenvergleich bei nicht linearer Anordnung der Mengen durch Umordnung der Elemente	Seite 83

Wo liegen mehr Farbtöpfchen? Oder sind es gleich viel?
Zeichne die Töpfchen in die Malkästen und vergleiche. Kreuze an!

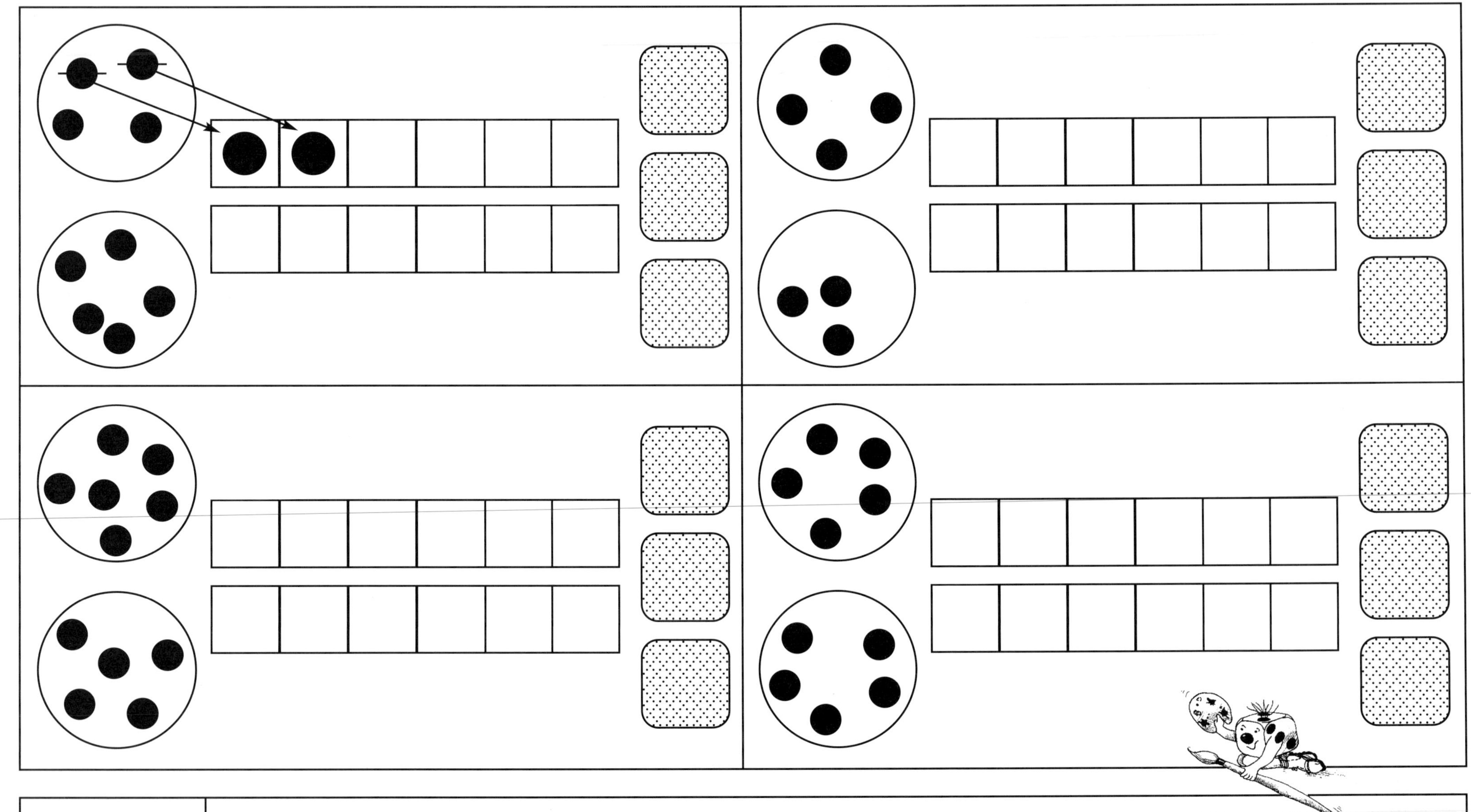

Wo liegen mehr Farbtöpfchen? Oder sind es gleich viel?
Zeichne die Töpfchen jeweils in eine Reihe und vergleiche.

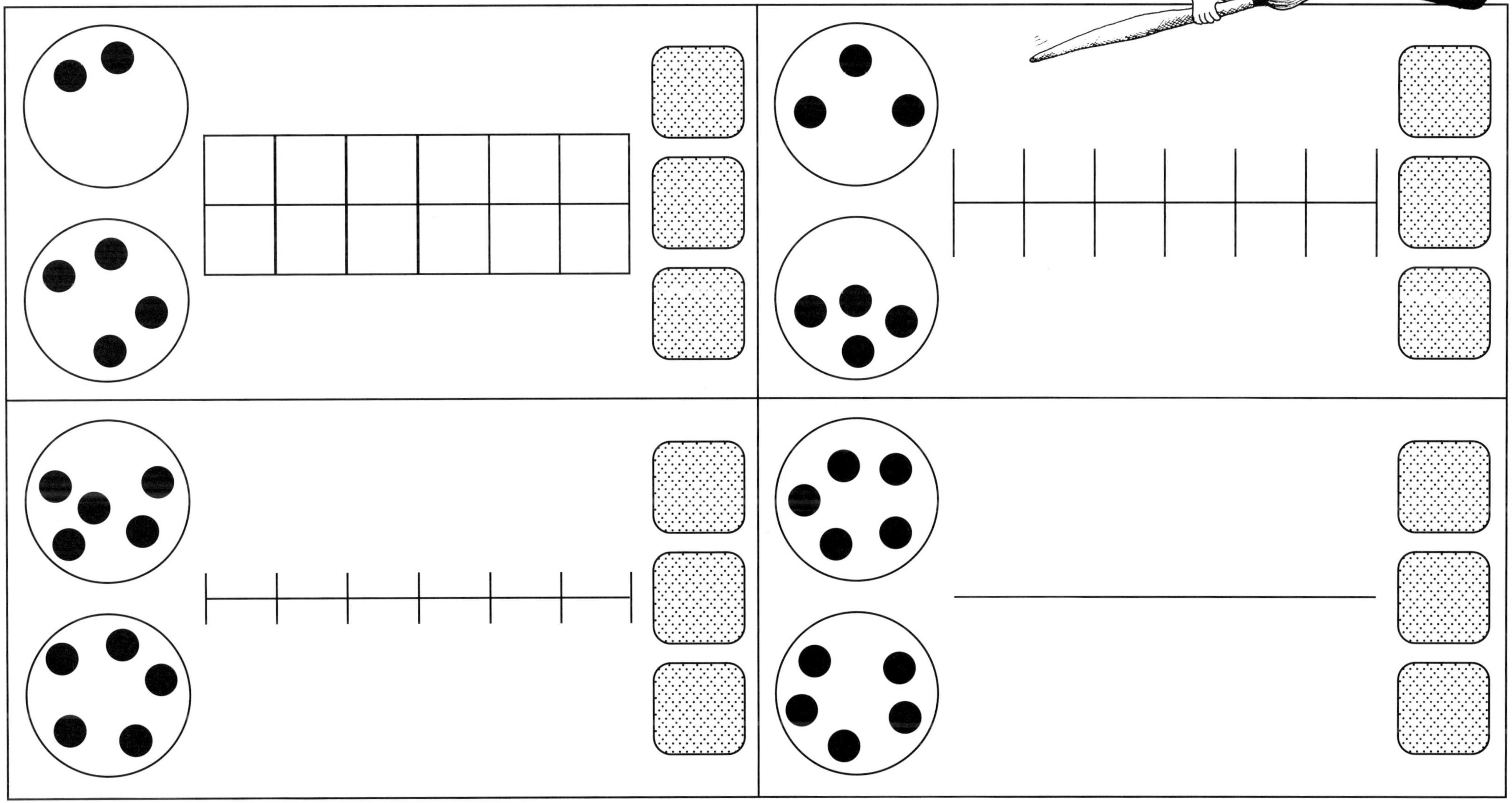

T. Blümer, R. Gräve, M. Opitz: Rechne mit Zalo Zifferli, Band 2

In welchem Kreis sind mehr Plättchen?
Oder sind es gleich viele? Zeichne um und vergleiche.

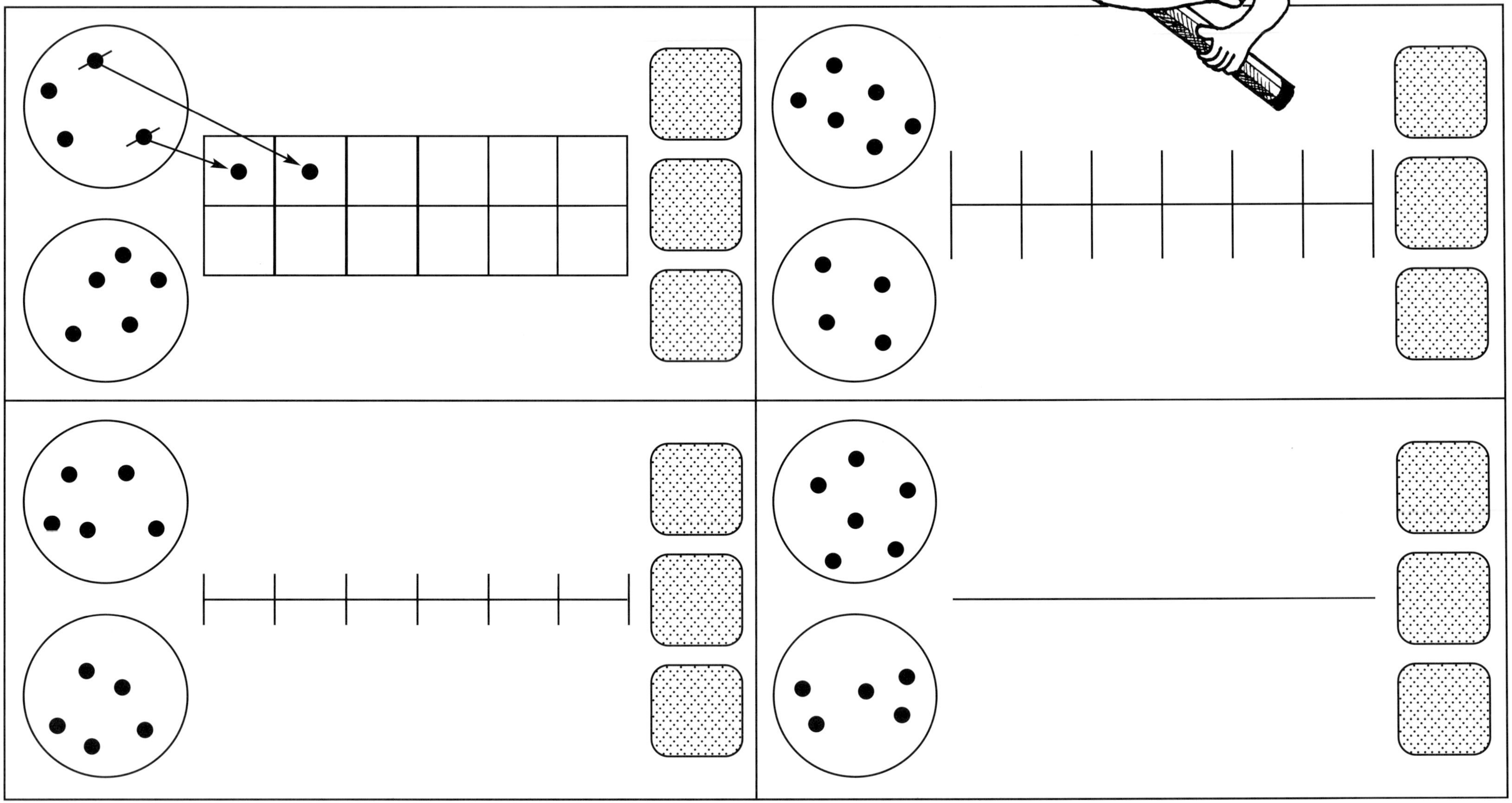

T. Blümer, R. Gräve, M. Opitz: Rechne mit Zalo Zifferli, Band 2

Zalo hat ein Blatt mit Käfern gefunden. Als er durch das Vergrößerungsglas schaut, ist er nicht mehr sicher, ob es noch gleich viele Käfer sind.
Hilf ihm, richtig anzukreuzen.

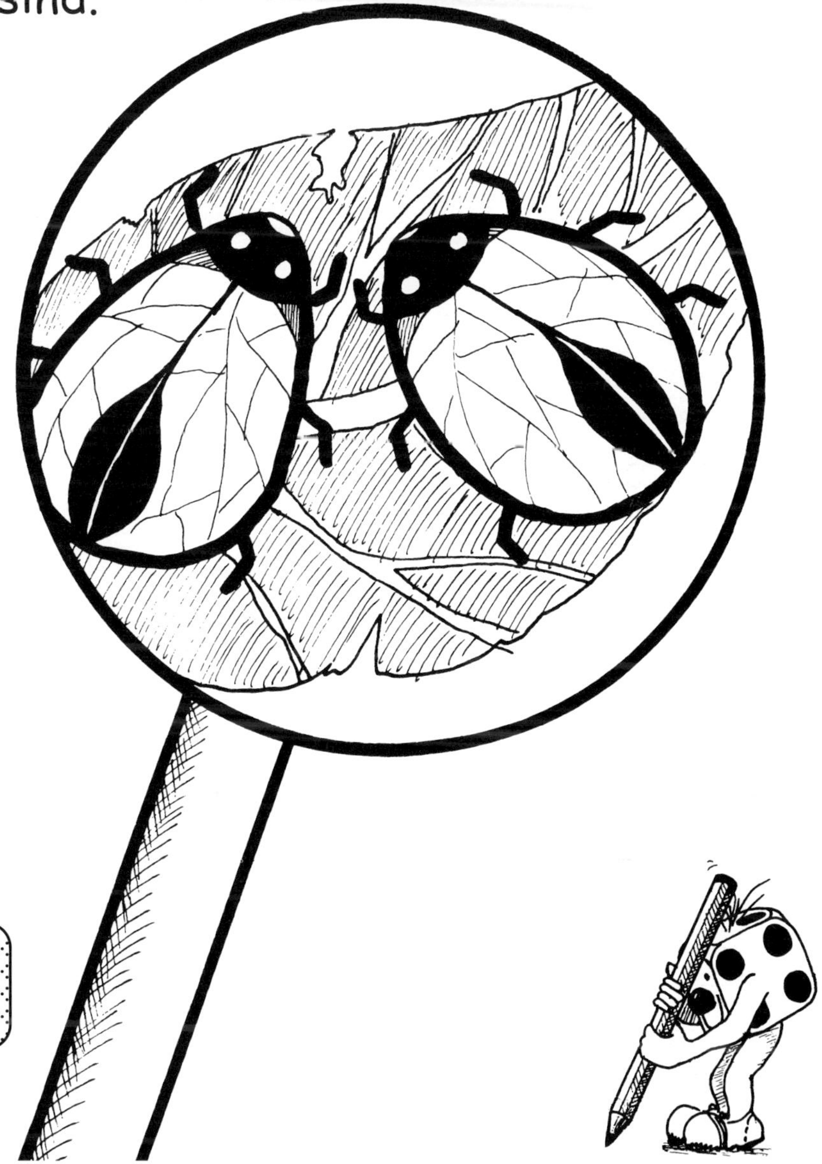

Bei einem Fest werden Luftballons auf die Reise geschickt. Unterwegs werden einige Ballons wieder kleiner. Vergleiche in jedem Bild, ob an den Karten trotzdem gleich viele Ballons sind.

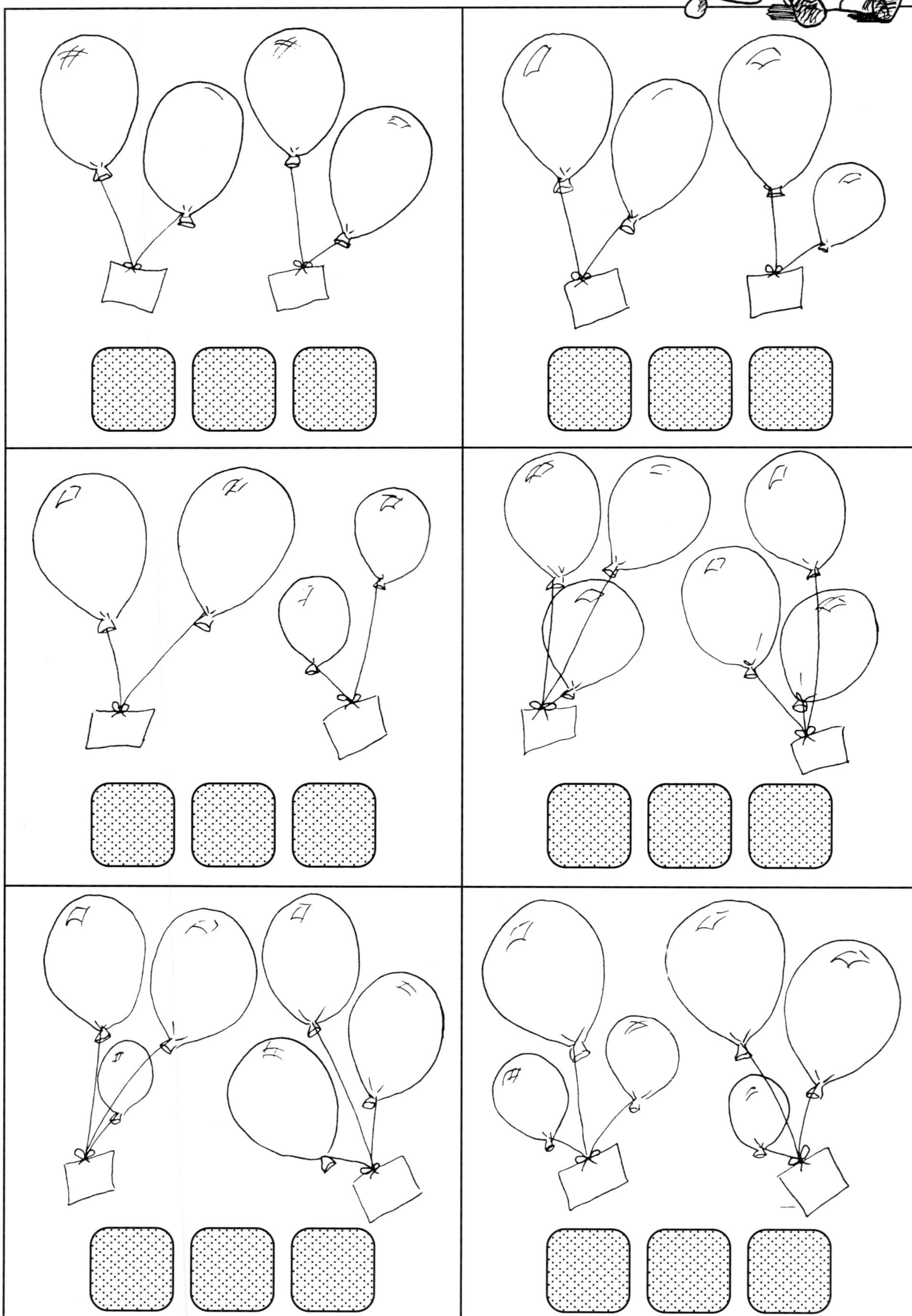

Wo sind mehr Plättchen? Oder sind es gleich viele? Kreuze an!

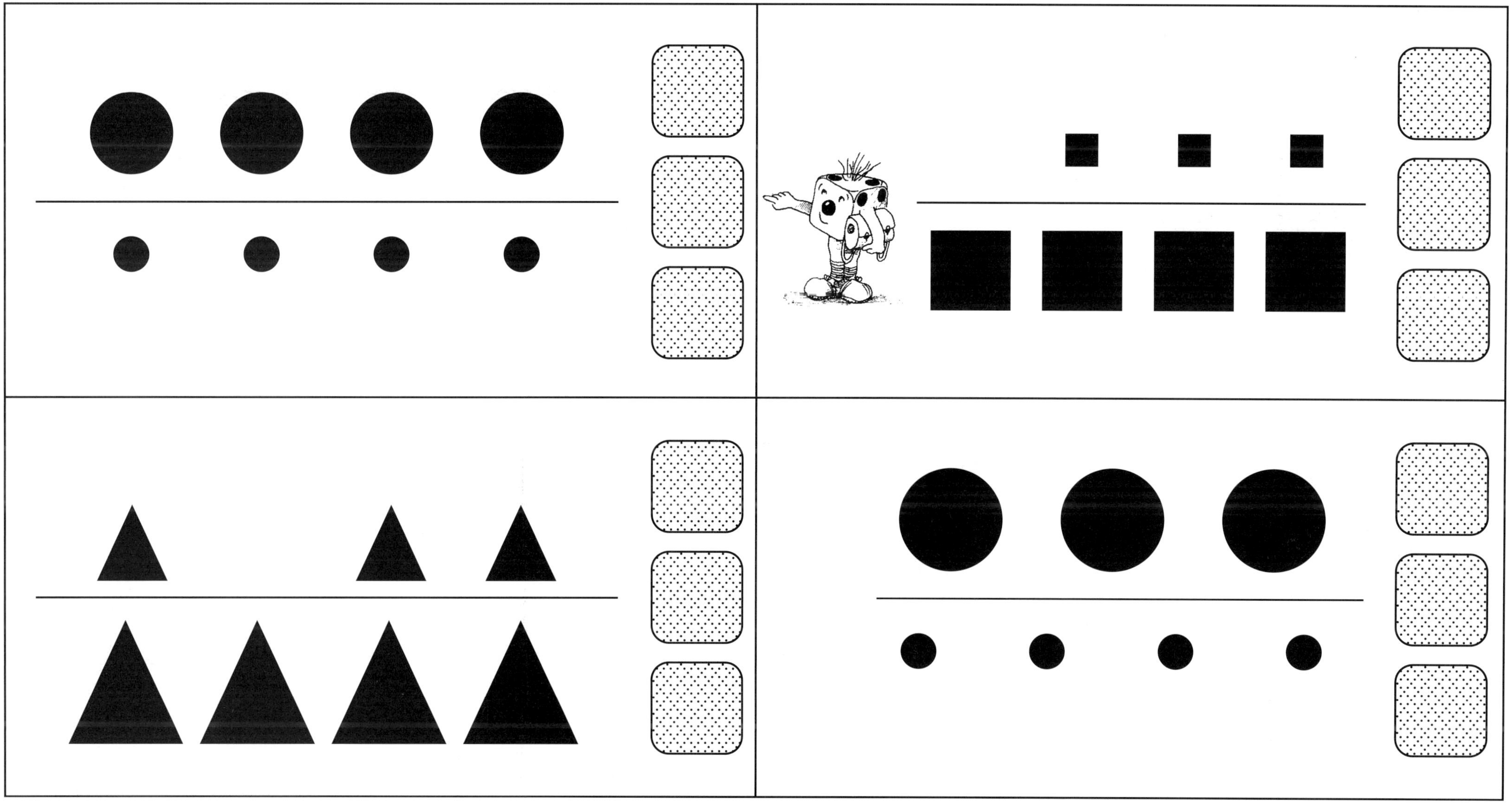

Wo sind mehr Plättchen?
Oder sind es gleich viele? Kreuze an!

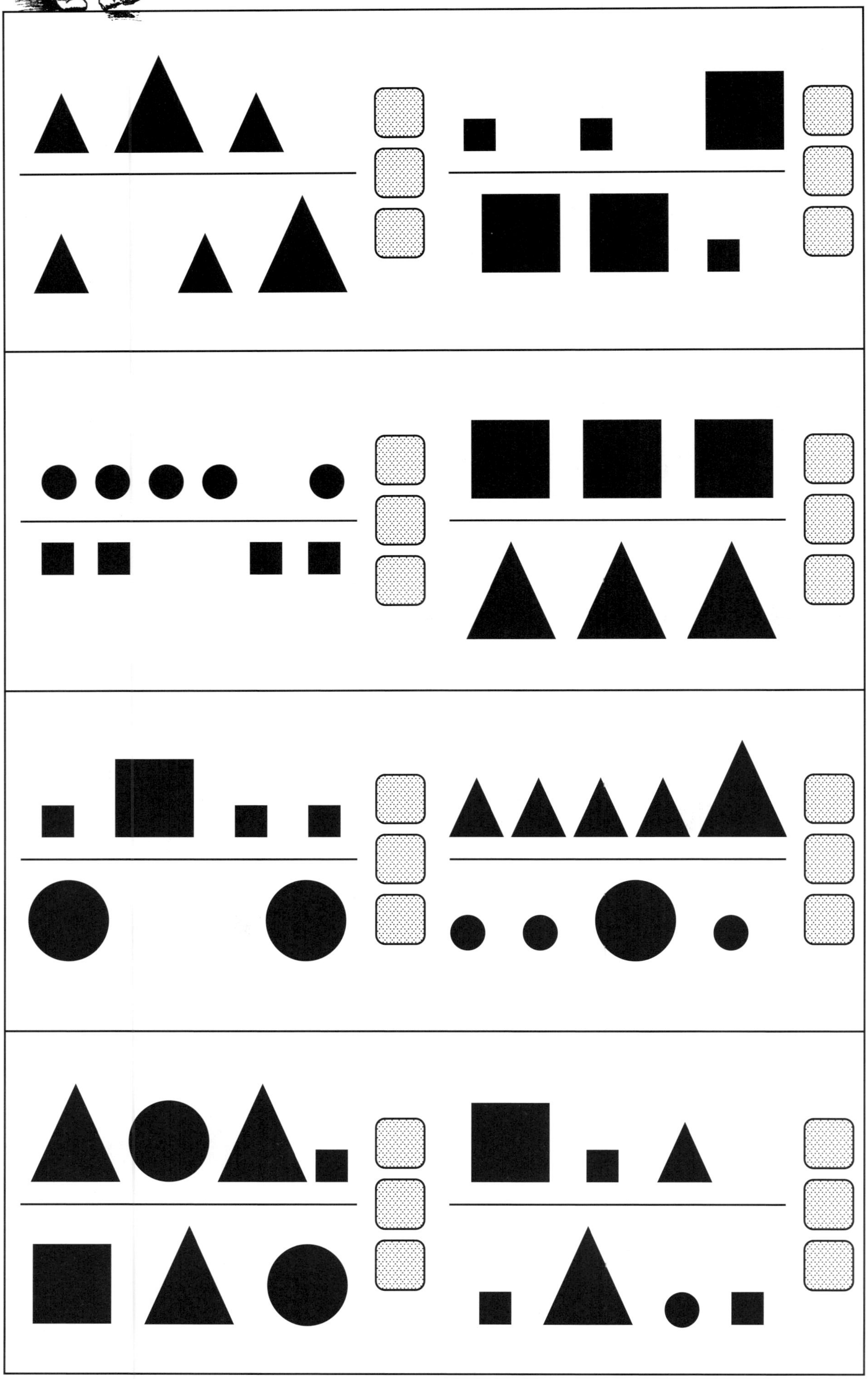

Wo sind mehr Plättchen?
Oder sind es gleich viele? Kreuze an!

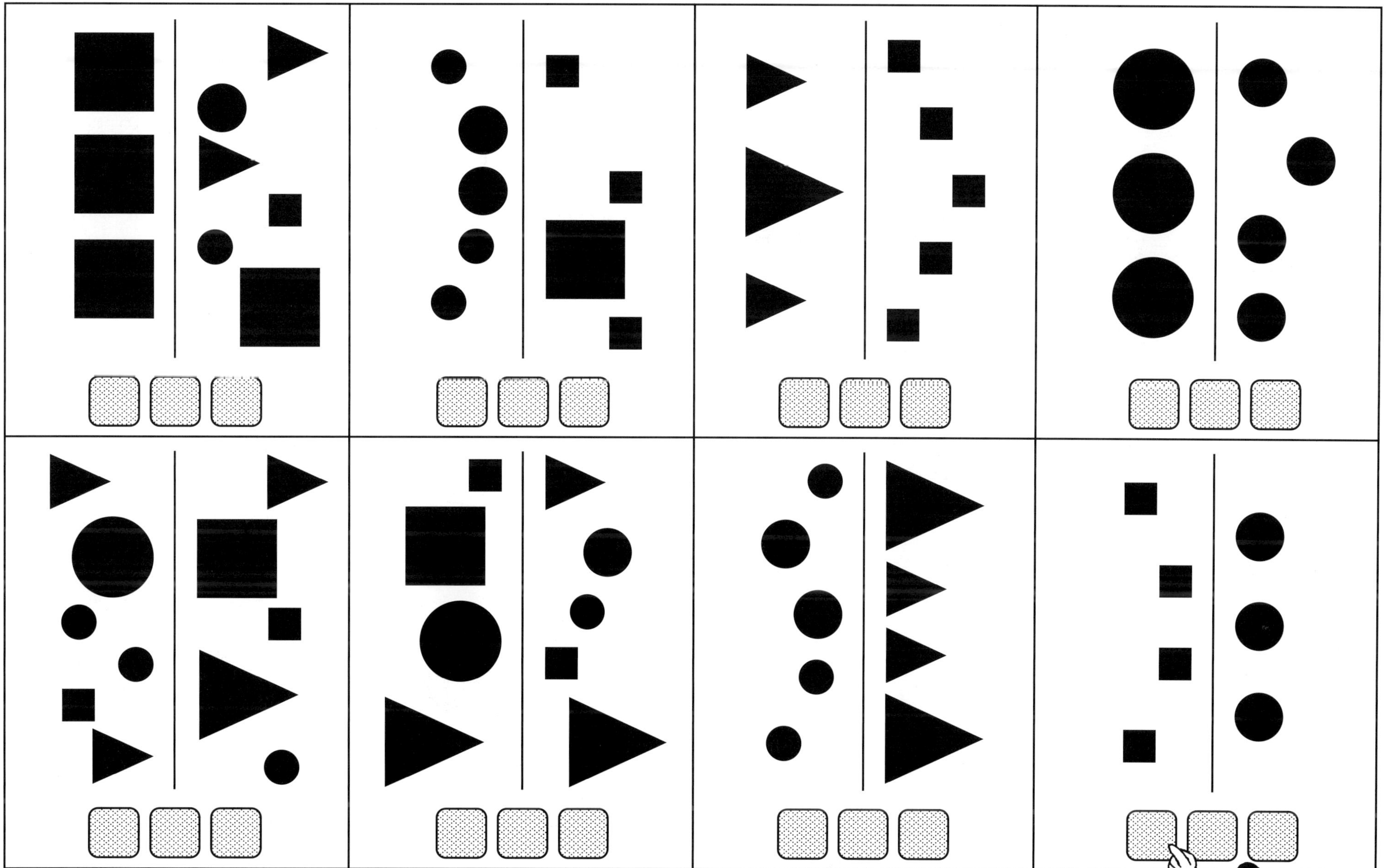

Wo sind mehr Plättchen?
Oder sind es gleich viele? Kreuze an!

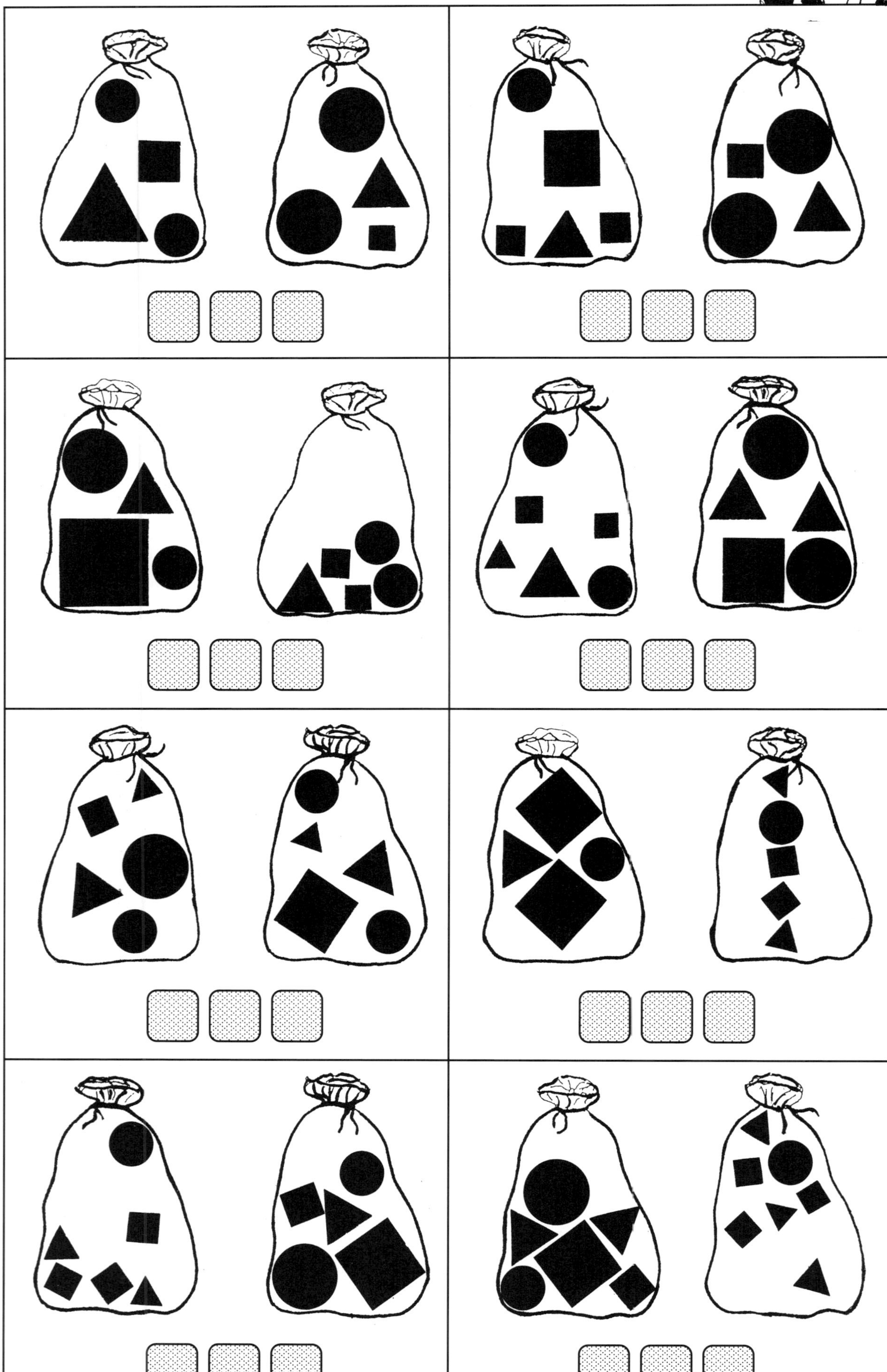

Lege für jedes Tier einen Gegenstand
(einen Muggelstein, einen Bauklotz, einen Streichholz)
in das graue Feld.

Lege für jedes Tier einen Gegenstand
(einen Muggelstein, einen Bauklotz, einen Streichholz)
in das graue Feld.

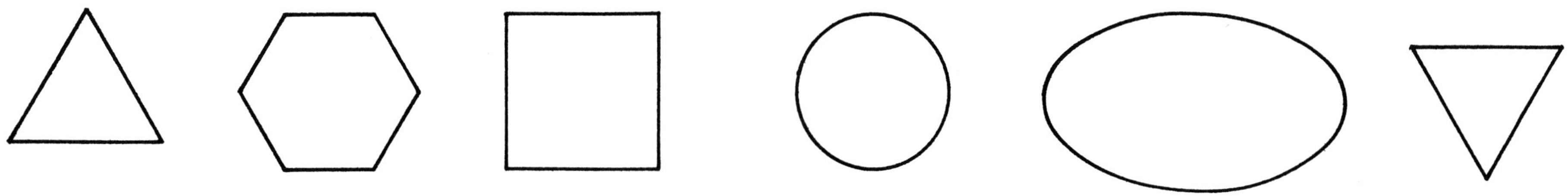

T. Blümer, R. Gräve, M. Opitz: Rechne mit Zalo Zifferli, Band 2

Zalo geht mit seinen Freunden zum Laternenfest. Er legt für jede Laterne einen Stock bereit. Hilf ihm dabei. Zeichne für jede Laterne einen Stock in das graue Feld.

Zalo hat Durst. Er legt für jedes Glas einen Trinkhalm auf das graue Tuch.

Zalo sollte immer gleich viele Plätzchen auf beide Teller legen. Hat er alles richtig gemacht? Verbinde die Teller mit einem Strich, wenn auf beiden gleich viele Plätzchen sind.

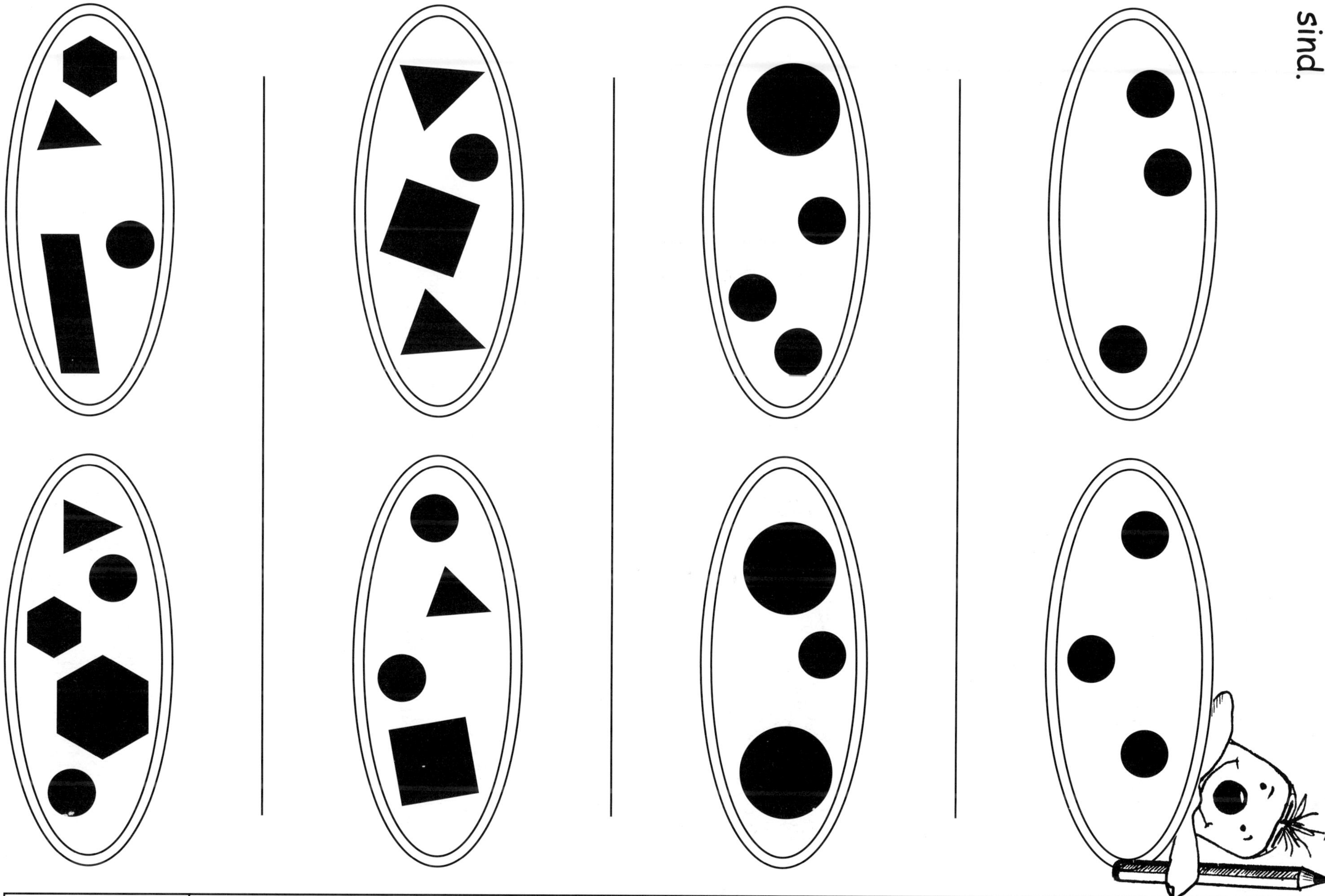

Zalo Zifferli verteilt Plätzchen. Auf jedem Teller sollen so viele Plätzchen liegen, wie auf dem Tablett in der Mitte. Zalo hat nicht aufgepasst.
Versuche, durch Wegstreichen zu verbessern.

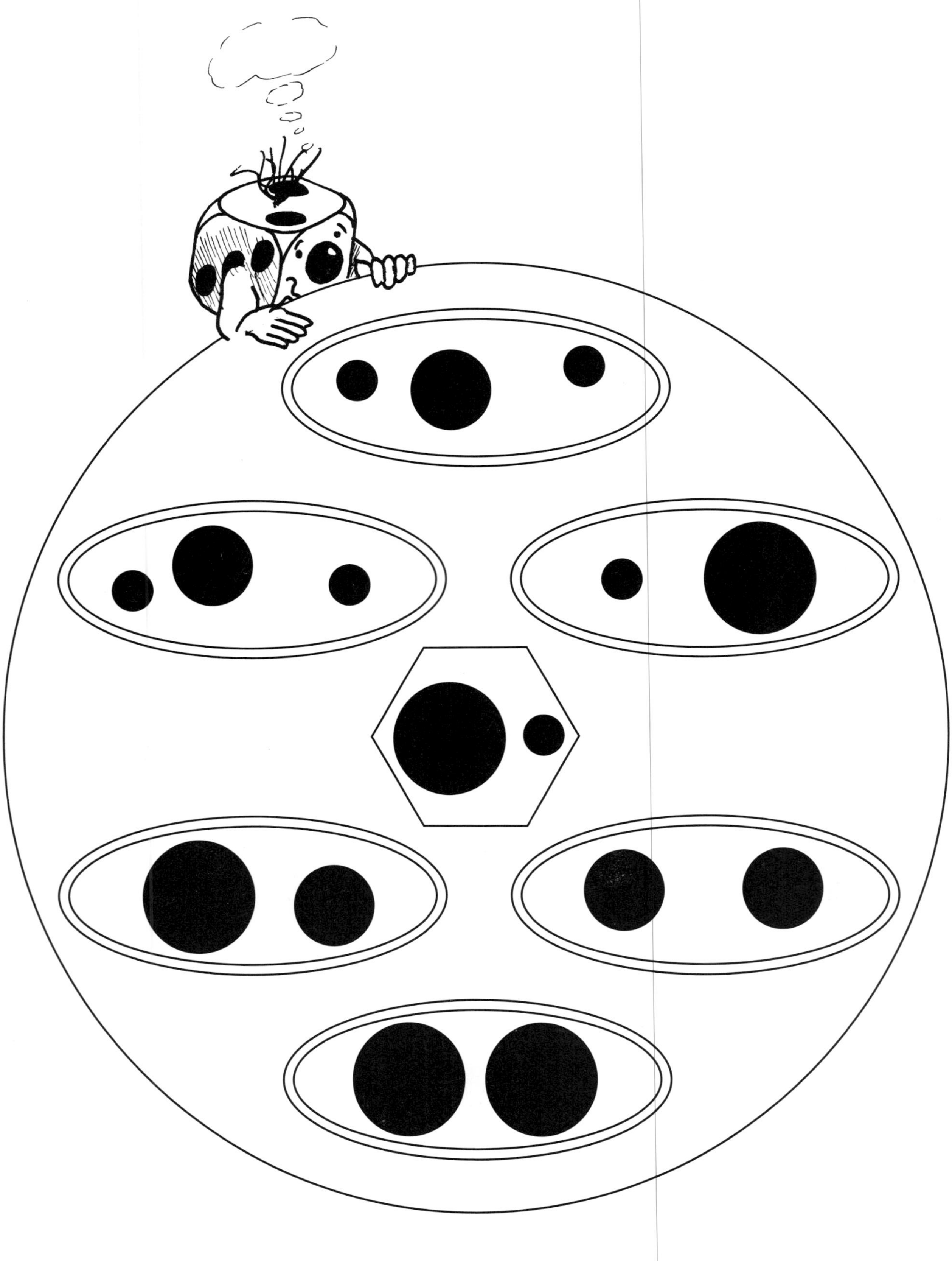

Zalo Zifferli sollte alle Teller mit so vielen Plätzchen füllen, wie auf dem Tablett in der Mitte liegen. Kreuze an, wo er Fehler gemacht hat!

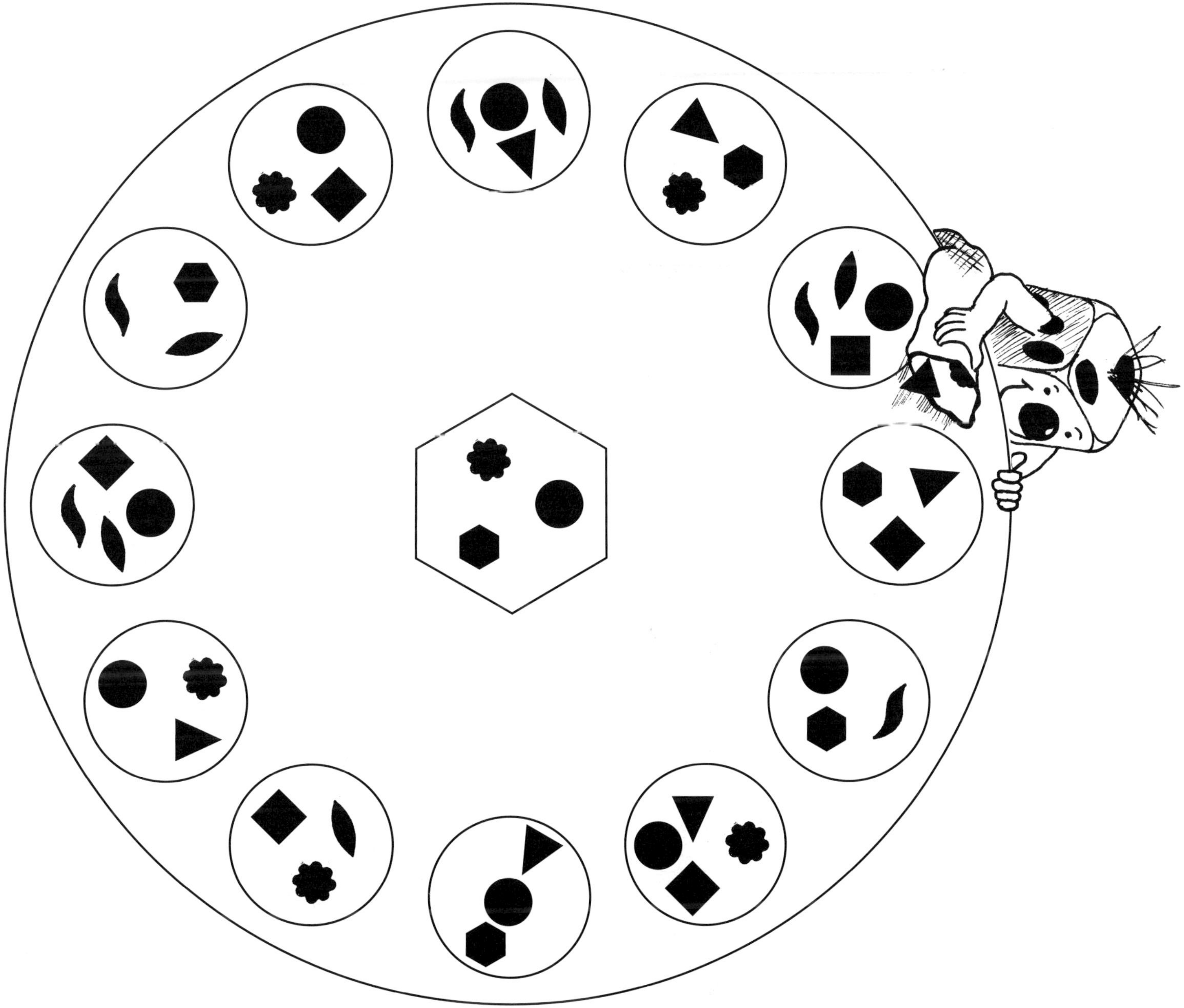

Hilf Zalo, die abgepackten Zitronen in das richtige Verkaufsregal zu packen!

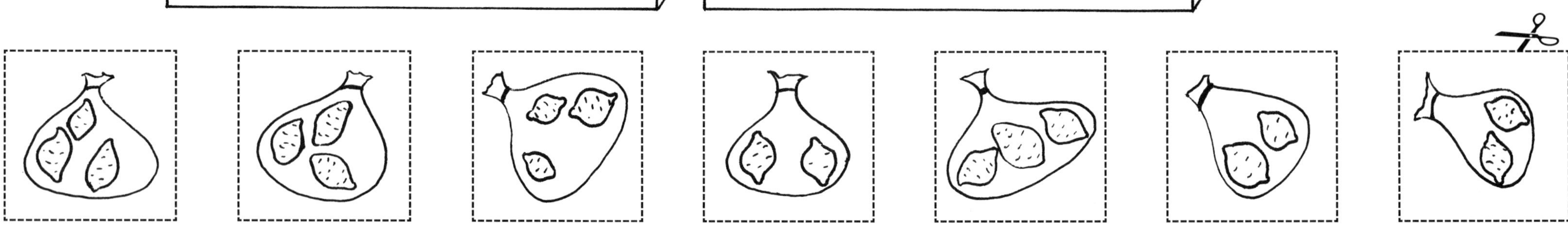

Die Tomaten sollen in die richtigen Kisten gelegt werden. Hilf Zalo dabei.

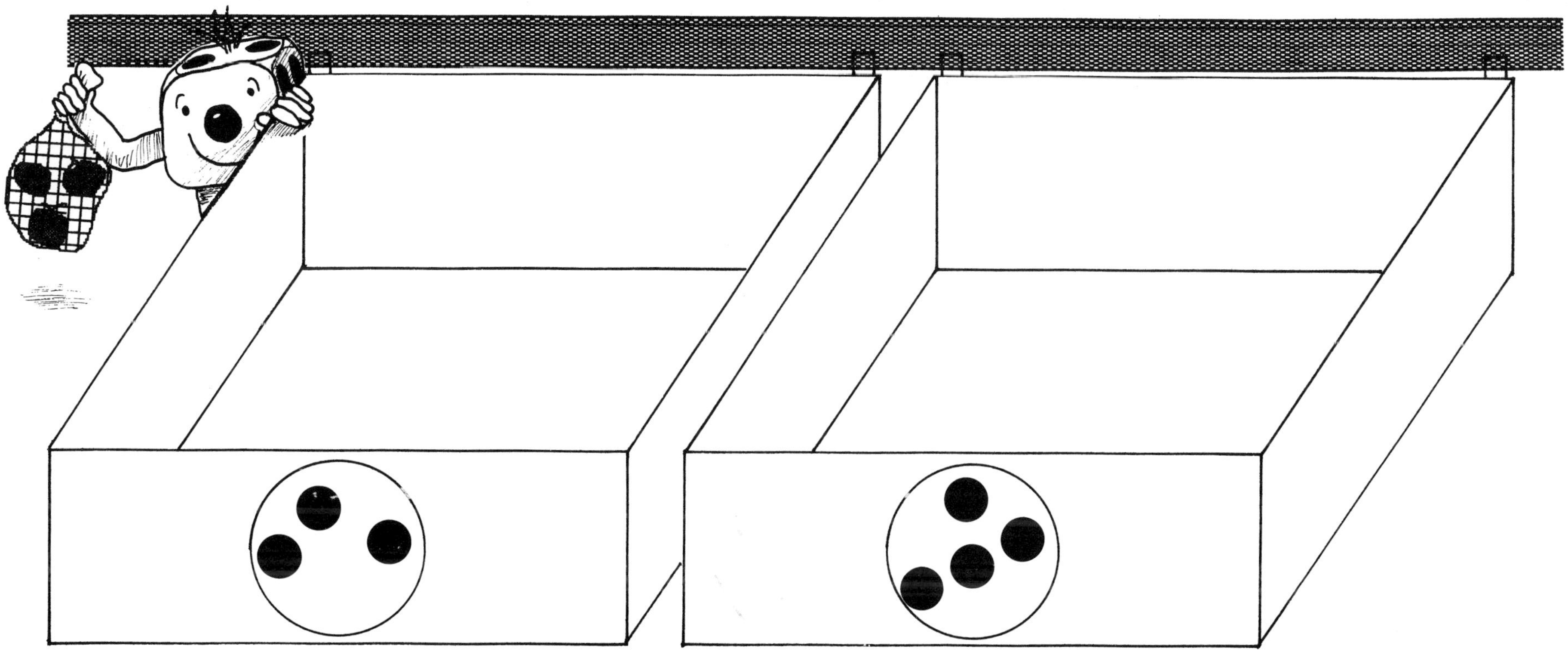

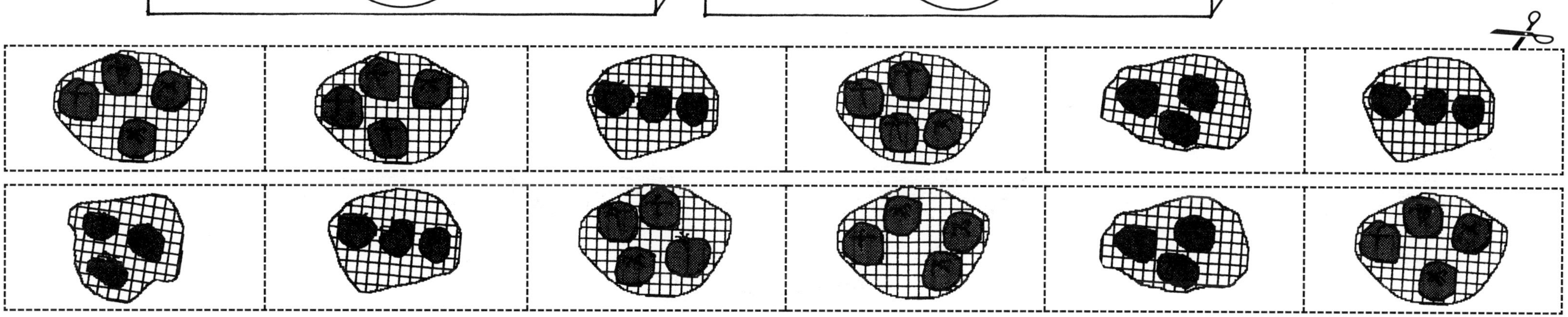

10.1.3 – 5	Mengen gleicher Mächtigkeit einander zuordnen. – Abbildungen ausschneiden und entsprechend einkleben. Seite 101

Lege die Bananen
in die richtigen Kisten.

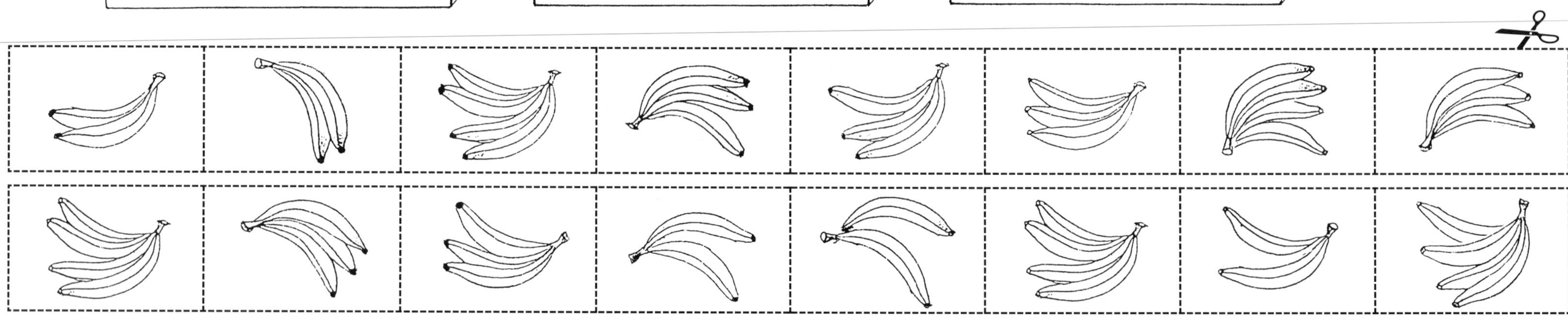

10.1.3 – 6	Mengen gleicher Mächtigkeit einander zuordnen. – Abbildungen ausschneiden und entsprechend einkleben. Seite 102

T. Blümer, R. Gräve, M. Opitz: Rechne mit Zalo Zifferli, Band 2

Arbeitsblätter

6.2.4-1	Mengenvergleich bei linear in Rastern angeordneten Mengen
6.2.4-2	Mengenvergleich bei linear in Rastern angeordneten Mengen
6.3.2-1	Zur kleineren Menge Elemente hinzufügen, bis beide Mengen gleich viele Elemente haben
6.3.2-2	Zur kleineren Menge Elemente hinzufügen, bis beide Mengen gleich viele Elemente haben
7.2.1-1	Mengenvergleich bei linear in Rastern angeordneten Mengen
7.2.1-2	Mengenvergleich bei linear in Rastern angeordneten Mengen
7.2.2-1	Mengenvergleich bei linear angeordneten Mengen. Die Hilfestellung durch ein Raster schrittweise reduzieren.
7.2.2-2	Mengenvergleich bei linear angeordneten Mengen. Die Hilfestellung durch ein Raster schrittweise reduzieren.
7.2.3-1	Mengenvergleich bei unterbrochener linearer Anordnung der Mengen
7.2.3-2	Mengenvergleich bei unterbrochener linearer Anordnung der Mengen
7.2.3-3	Mengenvergleich bei unterbrochener linearer Anordnung der Mengen
[7.2.3-4]	Mengenvergleich bei unterbrochener linearer Anordnung der Mengen
7.3.3-1	Mengenvergleich bei nicht linearer Anordnung Mengen
7.3.3-2	Mengenvergleich bei nicht linearer Anordnung Mengen
7.3.3-3	Mengenvergleich bei nicht linearer Anordnung Mengen
7.4.4-1	Übungsblatt zum Umordnen von Mengen
7.4.4-2	Mengenvergleich bei nicht linearer Anordnung der Mengen durch Umordnung der Elemente
7.4.4-3	Mengenvergleich bei nicht linearer Anordnung der Mengen durch Umordnung der Elemente
7.4.4-4	Mengenvergleich bei nicht linearer Anordnung der Mengen durch Umordnung der Elemente
7.4.4-5	Mengenvergleich bei nicht linearer Anordnung der Mengen durch Umordnung der Elemente
7.4.5-1	Mengenvergleich bei nicht linearer Anordnung der Mengen durch zeichnerisches Umordnen der Elemente
7.4.5-2	Mengenvergleich bei nicht linearer Anordnung der Mengen durch zeichnerisches Umordnen der Elemente
7.4.5-3	Mengenvergleich bei nicht linearer Anordnung der Mengen durch zeichnerisches Umordnen der Elemente
8.2.2-1	Mengenvergleich bei veränderter Größe einzelner Elemente
8.2.2-2	Mengenvergleich bei veränderter Größe einzelner Elemente
8.3.2-1	Mengenvergleich bei Elementen mit unterschiedlicher Form und Größe in linearer Anordnung
8.3.2-2	Mengenvergleich bei Elementen mit unterschiedlicher Form und Größe in linearer Anordnung
8.3.2-3	Mengenvergleich bei unterschiedlichen Elementen und Auflösung der linearen Anordnung
[8.3.2-4]	Mengenvergleich bei unterschiedlichen Elementen und Auflösung der linearen Anordnung
9.2.1-1	Linear angeordnete Mengen mit konkretem Material nachbilden
9.2.1-2	Linear angeordnete Mengen mit konkretem Material nachbilden
9.2.2-1	Linear angeordnete Mengen zeichnerisch nachbilden
9.2.3-1	Flächig angeordnete Mengen mit konkretem Material nachbilden
10.1.3-1	Mengen gleicher Mächtigkeit einander zuordnen. (Vorbereitung der Klassifikation)
10.1.3-2	Mengen gleicher Mächtigkeit einander zuordnen.
10.1.3-3	Mengen gleicher Mächtigkeit einander zuordnen.
10.1.3-4	Mengen gleicher Mächtigkeit einander zuordnen. – Abbildungen ausschneiden und entsprechend einkleben.
10.1.3-5	Mengen gleicher Mächtigkeit einander zuordnen. – Abbildungen ausschneiden und entsprechend einkleben.
10.1.3-6	Mengen gleicher Mächtigkeit einander zuordnen. – Abbildungen ausschneiden und entsprechend einkleben.

Spiele

00 Übersicht

01 Spring ins Feld
(zu 6.2.2: Mengenvergleich bei Mengen, die lückenlos in ein Raster eingeordnet sind)

02 Treppen-Domino
(zu 6.3.1: Gleichgeordnete Mengen miteinander vergleichen)

03 Deine Karte-meine Karte
(zu 7.2.1: Gleichgeordnete Punktmengen vergleichen)

04 Finde deinen Partner
(zu 7.2.2: Mengenvergleich bei linearer Anordnung der Elemente)

05 Teppichleger
(zu 7.2.2: Mengenvergleich bei abnehmender Rasterhilfe)

06 Medizinbälle einsammeln
(zu 7.2.3: Mengenvergleich trotz unterbrochener Zuordnung)

07 Ziel genau!
(zu 7.2.3: Mengenvergleich trotz unterbrochener Zuordnung)

08 Schau genau!
(zu 7.2.3: Vergleich von Punktmengen mit unterbrochener Zuordnung)

09 Verstecken
(zu 7.3.1: Elemente entlang einer entstandenen Spur rückordnen)

10 Sind es gleich viele?
(zu 7.4.4: Mengenvergleich bei nicht nachvollziehbarer Umordnung der Elemente)

11 Passt´s noch?
(zu 8.2.1: Veränderbarkeit von Größe und Form von Gegenständen)

12 Halte das Feld frei!
(zu 8.3.1: Mächtigkeitsvergleich bei Mengen, die aus unterschiedlichen Gegenständen bestehen)

13 Schätz´ genau!
(zu 8.3.1: Mächtigkeitsvergleich von Mengen aus konkreten Formen)

14 Stationslauf
(zu 9.2.4: Zeichnerisches Nachbilden bei flächiger Anordnung der Mengen)

15 Superklasse
(zu 10.1.3: Mengen verschiedener Mächtigkeit in Klassen ordnen)

16 Punkt-Mau-Mau
(zu 10.1.3: Mengen verschiedener Mächtigkeit entsprechenden Klassen zuordnen)